Flash 技术与实训

杨 印◎著

中国出版集团

世界图书出版公司

广州·上海·西安·北京

图书在版编目(ＣＩＰ)数据

Flash 技术与实训 / 杨印著. — 广州 : 世界图书出版广东
有限公司, 2014.6
ISBN 978-7-5100-8199-6

Ⅰ. ①F… Ⅱ. ①杨… Ⅲ. ①动画制作软件 Ⅳ.①TP391.41

中国版本图书馆 CIP 数据核字(2014)第 137733 号

Flash 技术与实训

责任编辑	黄利军
封面设计	高 燕
出版发行	世界图书出版广东有限公司
地 址	广州市新港西路大江冲 25 号
邮 箱	sancangbook@163.com
印 刷	虎彩印艺股份有限公司
规 格	787mm × 1092mm 1/16
印 张	8.75
字 数	180 千字
版 次	2014 年 6 月第 1 版 2015 年 8 月第 2 次印刷
ISBN	978-7-5100-8199-6/TP · 0023
定 价	30.00 元

版权所有,翻印必究

序 言

    Flash 是一款当今非常流行的矢量动画开发软件，具有易学易用、开发周期短、软件功能强大等优点，开发出的动画又有体积小、交互性好、易于在网上传播、动画播放时不会因为画面的缩放而失真等诸多优点，因而得到越来越多人们的喜爱。现在的网页中几乎见不到不含 Flash 的网页，因为 Flash 可以使静止的网页动起来，同时增大了单位页面中的信息量。Flash 不仅可以制作可独立播放的动画和为网页准备素材，还可以用来开发游戏、电影，制作课件、贺卡、MTV，设计广告等。可以看出 Flash 软件集诸多功能于一身，为用户提供了功能非常强大的开发平台，有着非常广阔的应用领域，学好 Flash 一定会有施展才华的机会和用武之地。

    本教材是以 Flash CS3 为操作环境，针对中等职业技术学校相关专业编写的。内容上通过简单的实例介绍知识点，再通过应用型实例进行强化训练，并在每章后都配有技能提升实训，读者可以在学习完每一章内容后及时进行巩固练习。本书配有实例源文件、最终效果及实例素材，由于动画是由多个画面组成的，对于书中的实例不容易用一两个插图画面展示出它的全部内容，建议读者在动手制作某一实例之前，最好先看一下实例的最终效果。有些基本操作，用文字和插图来描述不如观看实际操作来得更为直接。

    本书由恩施市中等职业技术学校杨印担任主编并统稿，孙盛福、姚燚担任副主编。本书共分 10 章，第 1 章介绍 Flash CS3 的基本知识，第 2 章介绍图形的绘制、修饰、修改，第 3 章至第 9 章介绍简单和复杂动画的制作以及软件相关基础知识与操作，第 10 章介绍 ActionScript2.0 基础。书中第 1—3 章由王涛和姚燚编写，第 4—6 章由杨俊编写，第 7、8 两章由杨印编写，第 9 章由孙盛福编写，第 10 章由覃立编写。

    由于编者水平有限，时间仓促，书中难免有错误、不妥和疏漏之处，恳请广大读者不吝指正。

编 者

2014 年 4 月

序　言

　　Flash 是一款当今非常流行的矢量动画开发软件,具有易学易用、开发周期短、软件功能强大等优点,开发出的动画又有体积小、交互性好、易于在网上传播、动画播放时不会因为画面的缩放而失真等诸多优点,因而得到越来越多人们的喜爱。现在的网页中几乎见不到不含 Flash 的网页,因为 Flash 可以使静止的网页动起来,同时增大了单位页面中的信息量。Flash 不仅可以制作可独立播放的动画和为网页准备素材,还可以用来开发游戏、电影,制作课件、贺卡、MTV,设计广告等。可以看出 Flash 软件集诸多功能于一身,为用户提供了功能非常强大的开发平台,有着非常广阔的应用领域,学好 Flash 一定会有施展才华的机会和用武之地。

　　本教材是以 Flash CS3 为操作环境,针对中等职业技术学校相关专业编写的。内容上通过简单的实例介绍知识点,再通过应用型实例进行强化训练,并在每章后都配有技能提升实训,读者可以在学习完每一章内容后及时进行巩固练习。本书配有实例源文件、最终效果及实例素材,由于动画是由多个画面组成的,对于书中的实例不容易用一两个插图画面展示出它的全部内容,建议读者在动手制作某一实例之前,最好先看一下实例的最终效果。有些基本操作,用文字和插图来描述不如观看实际操作来得更为直接。

　　本书由恩施市中等职业技术学校杨印担任主编并统稿,孙盛福、姚燚担任副主编。本书共分 10 章,第 1 章介绍 Flash CS3 的基本知识,第 2 章介绍图形的绘制、修饰、修改,第 3 章至第 9 章介绍简单和复杂动画的制作以及软件相关基础知识与操作,第 10 章介绍 ActionScript2.0 基础。书中第 1—3 章由王涛和姚燚编写,第 4—6 章由杨俊编写,第 7、8 两章由杨印编写,第 9 章由孙盛福编写,第 10 章由覃立编写。

　　由于编者水平有限,时间仓促,书中难免有错误、不妥和疏漏之处,恩请广大读者不吝指正。

编　者
2014 年 4 月

目 录

第1章　Flash CS 3 入门 ···················· 1

1.1　初识 Flash CS 3 ·················· 1

1.2　认识 Flash CS3 工作界面 ············· 3

第2章　绘图工具的应用 ···················· 5

2.1　主工具栏与工具 ················· 5

2.2　绘制乡村小屋 ·················· 8

2.3　绘制小鸟 ···················· 12

2.4　绘制小花的效果 ················· 14

2.5　瓢　虫 ····················· 16

2.6　绘制猫头鹰 ··················· 19

2.7　风　景 ····················· 21

2.8　工具应用 ···················· 26

2.9　小青蛙 ····················· 31

第3章　逐帧动画 ······················ 35

3.1　打字效果 ···················· 35

3.2　砖体字 ····················· 38

3.3　眨眼的小猫 ··················· 41

第4章　动画补间动画 ···················· 45

4.1　荷塘月色 ···················· 46

4.2　桌　球 ····················· 49

4.3　八戒照镜子 ··················· 52

4.4　时　钟 ····················· 55

第5章　形状补间动画 ··· 61

   5.1　变化的数字 ··· 62

   5.2　神奇的线条 ··· 66

   5.3　中秋快乐 ··· 70

   5.4　鸡蛋变小鸡 ··· 73

第6章　元件和库 ··· 77

   6.1　漂亮的线条 ··· 78

   6.2　蜡　烛 ··· 81

   6.3　变色的按钮 ··· 84

第7章　滤镜与时间轴特效 ··· 89

   7.1　滤　镜 ··· 89

   7.2　时间轴特效 ··· 100

第8章　引导路径动画 ··· 105

   8.1　制作引导路径动画的方法 ··· 105

   8.2　实战范例——纸飞机 ··· 107

   8.3　实战范例——小球沿轨迹运动 ··· 110

第9章　遮罩动画 ··· 116

   9.1　遮罩动画的制作方法 ··· 116

   9.2　利用遮罩动画实现电影镜头效果 ··· 118

   9.3　旋转彩环的制作 ··· 119

   9.4　红旗随风飘扬的制作 ··· 121

第10章　ActionScript 2.0 基础 ··· 126

   10.1　为"关键帧"添加动作 ·· 127

   10.2　制作简易相册 ··· 128

   10.3　鼠标特效 ··· 130

   10.4　鼠标按住实例移动 ··· 131

第1章 Flash CS 3 入门

1.1 初识 Flash CS 3

Flash是交互式矢量动画制作软件,专业化的Web应用制作工具,深受人们尤其是青年朋友的喜爱。其两大特点是:流媒体技术和矢量图形系统。

流媒体技术,指的是一种可以使音频、视频和其他多媒体能在Internet上以实时的、无需下载等待的方式进行播放的技术。

基于矢量图形系统,矢量图是计算出来的,而不是像位图那样用像素填充的。文件要小很多,而且可以随意缩放、修改,不会影响图片质量。

Flash 技术在我们的生活、工作中使用很广泛,它给我们的生活带来了娱乐,丰富了生活,我们可以从网上下载一个Flash制作的MTV或者动画,放松心情;工作中,很多教学课件都是由Flash制作的。

1. Flash 动画的应用领域

目前Flash被广泛应用于网页设计、网页广告、网络动画、多媒体教学软件、游戏设计、企业介绍、产品展示和电子相册等领域。

(1)网页设计

为达到一定的视觉冲击力,很多企业网站往往在进入主页前播放一段使用Flash制作的欢迎页(也称为引导页);此外,很多网站的Logo(站标,网站的标志)和Banner(网页横幅广告)都是Flash动画。

当需要制作一些交互功能较强的网站时,例如制作某些调查类网站,可以使用Flash制作整个网站,这样互动性更强。

(2)网页广告

因为传输的关系,网页上的广告需要具有短小精干、表现力强的特点,而Flash动画正好可以满足这些要求。现在打开任何一个网站的网页,都会发现一些动感时尚的Flash网页广告。

(3)网络动画

许多网友都喜欢把自己制作的Flash音乐动画、Flash电影动画传输到网上供其他网友欣赏,实际上正是因为这些网络动画的流行,Flash 已经在网上形成了一种文化。

(4)多媒体教学课件

相对于其他软件制作的课件,Flash 课件具有体积小、表现力强的特点。在制作实验演示或多媒体教学光盘时,Flash 动画得到大量的应用。

(5)游戏

使用Flash的动作脚本功能可以制作一些有趣的在线小游戏,如看图识字游戏、贪吃蛇游戏、棋牌类游戏等。因为 Flash 游戏具有体积小的优点,一些手机厂商已在手机中嵌入 Flash 游戏。

2. Flash 动画的特点

Flash 动画之所以被广泛应用,是与其自身的特点密不可分的。

(1)从动画组成来看:Flash动画主要由矢量图形组成,矢量图形具有储存容量小、在缩放时不会失真的优点,这就使得Flash动画具有储存容量小、在缩放播放窗口时不会影响画面的清晰度的特点。

(2)从动画发布来看:在导出 Flash 动画的过程中,程序会压缩、优化动画组成元素(例如位图图像、音乐和视频等),这就进一步减少了动画的储存容量,使其更加方便在网上传输。

(3)从动画播放来看:发布后的.swf动画影片具有"流"媒体的特点,在网上可以边下载边播放,而不像 GIF 动画那样要把整个文件下载完了才能播放。

(4)从交互性来看:可以通过为 Flash 动画添加动作脚本使其具有交互性,从而让观众成为动画的一部分。这一点是传统动画无法比拟的。

(5)从制作手法来看。Flash 动画的制作比较简单,一个爱好者只要掌握一定的软件知识,拥有一台电脑、一套软件就可以制作出 Flash 动画。

(6)从制作成本来看:用Flash软件制作动画可以大幅度降低制作成本;同时,在制作时间上也比传统动画大大缩短。

3. Flash 动画创作流程

就像拍一部电影一样,创作一个优秀的Flash动画作品也要经过很多环节,每一个环节都关系到作品的最终质量。

(1)前期策划

在着手制作动画前,我们应首先明确制作动画的目的以及要达到的效果,然后确定剧情和角色,有条件的话可以请别人编写剧本。准备好这些后,还要根据剧情确定创作风格。比如,比较严肃的题材,我们应该使用比较写实的风格;如果是轻松愉快的题材,可以使用Q 版造型来制作动画。

（2）准备素材

做好前期策划后，便可以开始根据策划的内容绘制角色造型、背景以及要使用的道具。当然，也可以从网上搜集动画中要用到的素材，比如声音素材、图像素材和视频素材等。

（3）制作动画

一切准备就绪就可以开始制作动画了。这主要包括角色的造型添加动作、角色与背景的合成、声音与动画的同步。这一步最能体现出制作者的水平，想要制作出优秀的 Flash 作品，不但要熟练掌握软件的使用，还需要掌握一定的美术知识以及运动规律。

（4）后期调试

后期调试包括调试动画和测试动画两方面。调试动画主要是对动画的各个细节，例如动画片段的衔接、场景的切换、声音与动画的协调等进行调整，使整个动画显得流畅、和谐。在动画制作初步完成后便可以调试动画以保证作品的质量。测试动画是对动画的最终播放效果、网上播放效果进行检测，以保证动画能完美地展现在欣赏者面前。

（5）发布作品

动画制作好并调试无误后，便可以将其导出或发布为 .swf 格式的影片，并传到网上供人欣赏。

1.2　认识 Flash CS3 工作界面

运行 Adobe Flash CS3 以后，会出现 Adobe Flash CS3 界面，如图 1-1-1 所示。Adobe Flash CS3 的工作环境包括标题栏、菜单栏、主工具栏（第一次运行时需要手动设置显示出来，单击菜单栏中【窗口】|【工具栏】|【主工具栏】）、时间轴、舞台工作区、工具箱、状态栏和其他各种对话框等。接下来对界面上的不同组件作进一步的介绍。

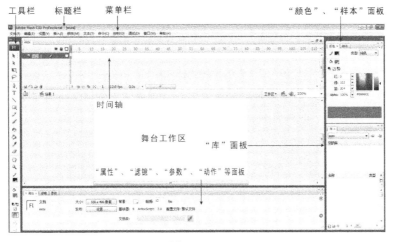

图 1-1-1

1. 工具箱

Flash CS3 的工具箱的功能非常强大，在默认状态下工具箱位于窗口左侧单列竖排放置。用户可通过鼠标拖动，将它放在桌面任何位置。通过工具箱上一系列按钮，用户可完成对象选择、图形绘制、文本录入与编辑、对象控制与操作等工作。单击颜色填充区域 ▇▇，会弹出一个颜色选取框。

2. 时间轴

时间轴用来显示编辑图层和帧，用于组织和控制影片内容在一定时间内播放的层数和帧数。与胶片一样，Flash 影片的长度由它的帧决定。图层就像层叠在一起的幻灯胶片一样，每个图层都包含一个显示在舞台中的不同图像。

时间轴状态显示在时间轴的底部，它指示所选的帧编号、当前帧、当前帧频以及到当前帧为止运行的时间。

3. 舞台工作区

舞台工作区就是 Flash CS3 的主要工作窗口。在舞台上，我们可以对 Flash 的内容进行编辑，舞台也是 Flash 影片播放的区域，其中灰色区域的内容，在影片发布以后是不可见的。

4. 面板和属性检查器

默认工作界面的右侧和下侧是浮动面板区域和属性检查器，它们功能强大并且在工作中最为常用。Flash 中有很多面板，可以在主菜单中把它们打开或关闭，Flash 可以根据需要自定义工作区，如图 1-1-2 所示。

使用面板和属性检查器，可以查看、组合和更改资源及其属性。可以显示、隐藏面板和调整面板的大小，也可以组合面板并保存自定义的面板设置，从而能更容易地管理工作区。属性检查器在操作时实时显示结果，以反映正在使用的工具和资源，从而能够快速访问常用功能，使操作更具有交互性。

图 1-1-2

第2章 绘图工具的应用

要使用好 Flash,首先应熟练掌握绘图工具的使用方法。本章将详细介绍 Flash CS3 的绘图工具,帮助初学者充分了解每个工具的使用方法及特性。

2.1 主工具栏与工具

1. Flash 主工具栏

执行—窗口—工具栏—主工具栏。

2. 工具

常用的绘图工具

(1)矩形工具、椭圆工具、基本矩形工具、基本椭圆工具、多角星形工具,如图 2-1-1。

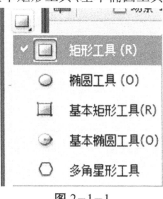

图 2-1-1

> 提示:若要画出正圆形或正方形,选择好矩形工具或椭圆工具后,先按住Shift键,再拖动鼠标绘制。

(2)贴紧对象

贴紧至对象,工具会在拖动图形绘制至某一角度,让图形自动吸附靠近图形。

(3)对象绘制

当打开对象绘制时,在同一个图层内绘制图形可以任意重叠,而在移动图形时,不会影响到其他的图形。

（4）线条 ＼

线条工具可以用来绘制线段。选择线条工具,在舞台上按住鼠标左键进行拖动,即可绘制线条。按住 Shift 键拖动可以将线条限制为倾斜 45 度的倍数。在属性面板中可以设置线条的颜色、粗细、线条样式(笔触样式)等设定。笔触的样式可以通过单击"自定义"按钮,在弹出的"笔触样式"对话框中进行设置。

（5）铅笔 ✎

使用铅笔工具可以给出各种线条,选择铅笔工具后,在"铅笔模式"可以选择笔触样式,如图 2－1－5－1。

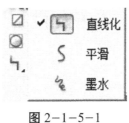

图 2－1－5－1

1）直线化

利用铅笔工具绘制直线时,选中直线化选项后,Flash 会使新绘制的线条尽量地接近垂直线或水平线。

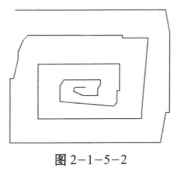

图 2－1－5－2

2）平滑

利用铅笔工具绘制时,选中平滑选项后,Flash 会对新绘制的线条进行平滑效果的处理。

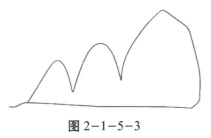

图 2－1－5－3

3）墨水

使用铅笔工具的墨水选项后，绘制出的线条 Flash 不会改变。

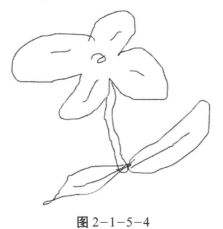

图 2-1-5-4

（6）刷子

使用刷子工具可以绘出自然的线条，也可以是一种填色的工具。选择刷子工具后，在选项中会出现对象绘制、刷子模式、锁定填充、刷子大小、刷子形状等相关设置。如图 2-1-6-2。

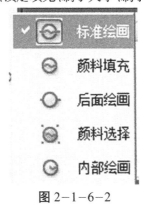

图 2-1-6-2

（7）钢笔

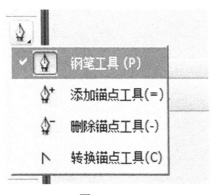

图 2-1-7

2.2   绘制乡村小屋

1.新建文档,大小 550 × 400 像素,背景颜色为白色。

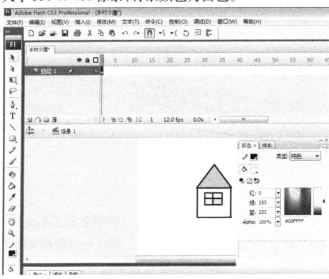

图 2-2-1

2.利用多角星形工具,绘制一个三角形,为房子的侧面。填充轮廓大小为3,颜色为黑色。填充色为FFCCOO。

3.选择矩形工具绘制一个矩形,放在三角形的下方,宽度和高与三角形相等。填充为FFFF99。

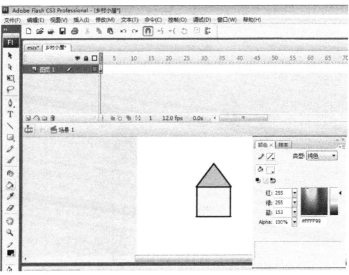

图 2-2-2

绘制一个小矩形放在黄色矩形的里面,作为房子侧面的窗户。填充色为#00FFFF,用线条工具绘制两根线条,呈十字架状。

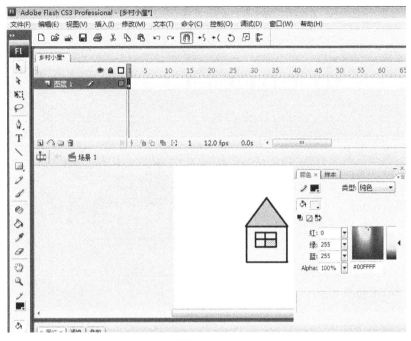

图 2-2-3

4.绘制一个长方形,并使用任意变形工具进行变形,放置在三角形的右边,与三角形重合,作为房子的正面房顶。填充色为 FF3333。

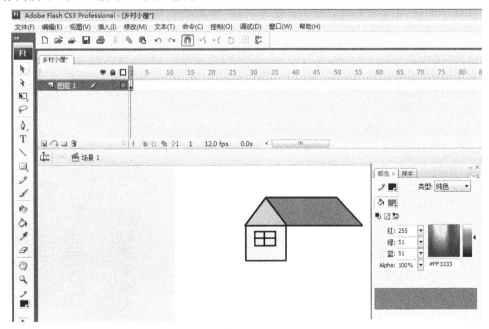

图 2-2-4

5.利用矩形工具绘制一个矩形,放置在平行四边形的下边。填充颜色为 FFFF99。

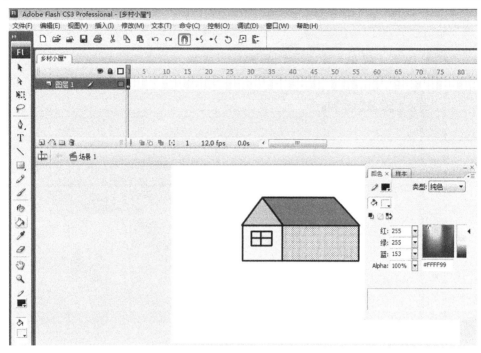

图 2-2-5

6.分别利用矩形工具绘制好门和窗户。填充门的颜色为:#990000,窗户的颜色和效果与前面相同。

7.选择线条工具沿房子两边绘制 2 根沿长线,作为地平面。

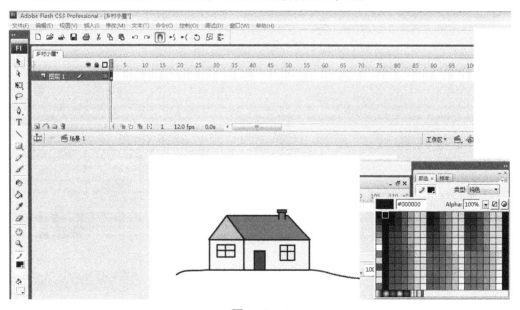

图 2-2-6

8.绘制阶梯,选择矩形工具,在门的前面绘制几个小矩形条。

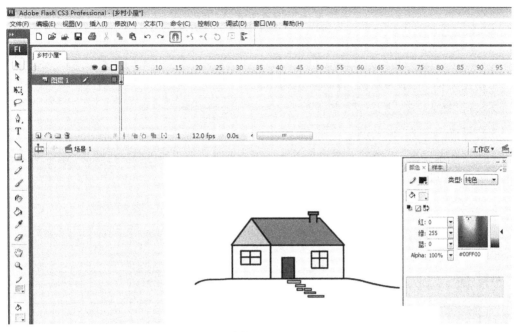

图 2-2-7

9.绘制烟囱,用线条和矩形工具,绘制效果如图。颜色为红色。

10.绘制炊烟,选择椭圆工具,绘制如图,填充颜色为 00CCFF。

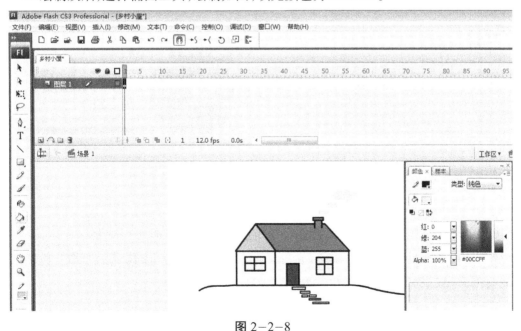

图 2-2-8

11.保存退出。

2.3　绘制小鸟

1.新建文档,大小为默认,背景颜色为白色。

2.执行"插入—新建元件",名称为"小鸟头",类型为影片剪辑。

3.选择椭圆工具,供绘制一个椭圆,大小为 75 × 55 像素,颜色为#AC6800.

4.选择椭圆工具,供绘制一个椭圆作为小鸟的眼睛,大小为 23 × 23 像素,颜色为白色。再用椭圆工具绘制一个小圆点作为眼珠,填充为黑色。

5.绘制一个矩形,利用选择工具,将其调合成一个嘴的形状,填充颜色为#FFCC33。

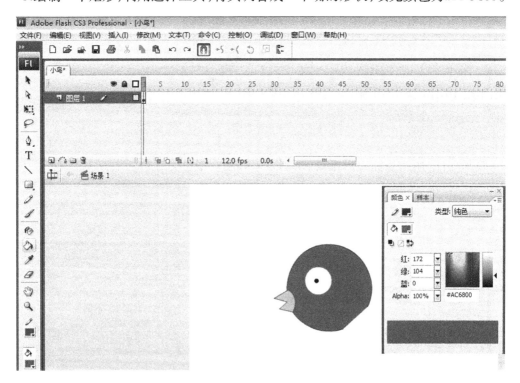

图 2-3-1

6.绘制鸟的身体,用矩形工具,绘制一个矩形,并用选择工具进行变形。

7.使用线条工具,绘制一根线条,放在矩形的下方。执行 Ctrl+B,将其打散。后背位置填充颜色为#AC6800,腹部填充颜色为 DEB661。

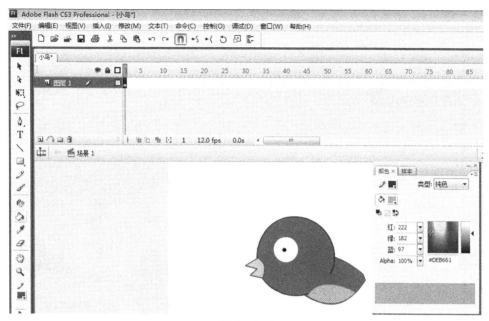

图 2-3-2

8.绘制鸟的翅膀,利用线条多角星形工具,绘制一个三角形,并对其进行变形,填充颜色为 ECE9D8。

9.新建元件,绘制鸟的翅膀,用矩形工具,绘制一个矩形,再用选择工具进行变形,中间用线条工具加 2 根细线,填充轮廓颜色为#683200,填充颜色为 955110。

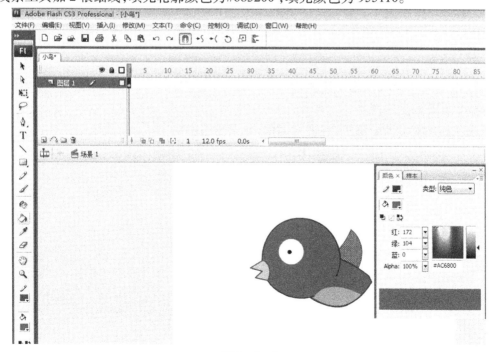

图 2-3-3

10.新建元件,命名为"小鸟飞",将小鸟的各个部分结合起来,如图:

图 2-3-4

11.保存,导出。

2.4　绘制小花的效果

1.新建文档,大小和背景为默认。

2.绘制花瓣,用钢笔工具绘制形状。

3.在中间加两条弧线。

4.将花瓣填充上渐变颜色,并进行调整,效果见图:

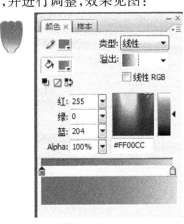

图 2-4-1

5.执行 Ctrl+G,进行给合。

6.在场景中拖入元件,单击右键,选择面板——变形,宽度和高度均为100%,旋转角度为72度,应用并复制。点4次。一共是5个花瓣。

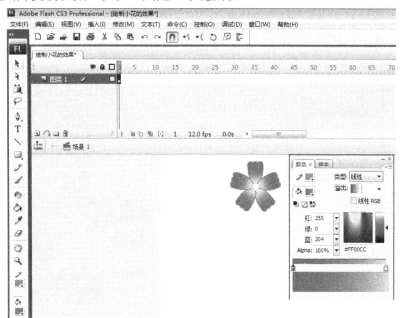

图 2-4-2

7.新建图层,命名"花蕊"。

8.使用刷子工具绘制一个不规则的形状,如图:

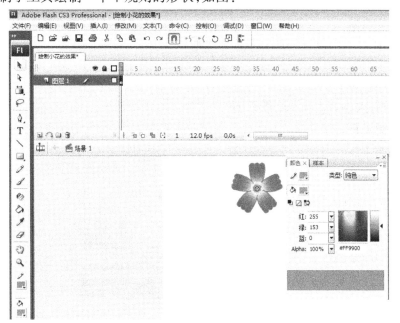

图 2-4-3

9.新建元件,命名"叶子"。

10.用钢笔工具绘制线条。

11.再用钢笔工具绘制叶子的另一半。

12.选中上面的叶子,填充为渐变填充。

13.将花和叶子进行组合,效果如图2-4-4。

图2-4-4

14.保存,导出。

2.5　瓢　虫

1.新建文档,大小550 × 400像素,背景白色。

2.使用椭圆工具绘制一个正圆,选中图形,打开混色器,将填充样式设为放射状,颜色为左红右黑,如图2-5-1。

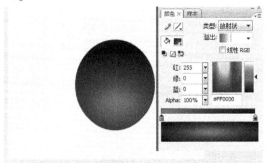

图2-5-1

3.点击图形填充部分,选择填充变形工具,单击填充颜色,在出现带有三个手柄的环形边框后,按住鼠标上边的手柄进行调整。

4.新建图层,选择线条工具,在椭圆的上方绘制2根水平线,在下方绘制一根垂直线。效果如图2-5-2。

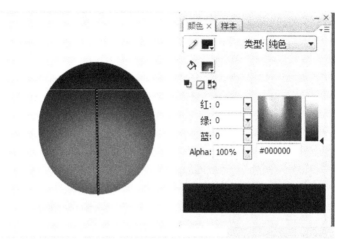

图2-5-2

5.选择上方直线填充为黑色,ALPHA值为85%,下方的直线颜色为白色,ALPHA值为55%。竖线的颜色为黑色,ALPHA值为30%。

6.新建图层,用椭圆工具绘制黑色的斑点,如图2-5-3。

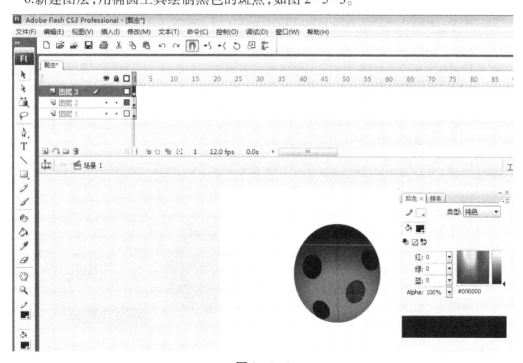

图2-5-3

7.新建图层,选择椭圆工具,绘制上方的高光部分,填充为线性,颜色为左边浅灰色,ALPHA 值为 100%,右边深灰色,ALPHA 值为 0%,如图 2-5-4。

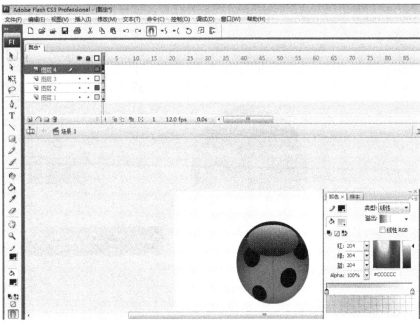

图 2-5-4

8.选择填充变形工具进行变形。

9.新建图层,命名为"触角"。绘制效果如图 2-5-5。

图 2-5-5

10.导出动画,保存。

2.6　绘制猫头鹰

1.新建图层 1,命名为"背景"。

2.用矩形工具,绘制一个矩形,大小与背景相同。

3.填充上背景颜色为#2B5EAA。

图 2-6-1

　　4.新建图层 2,命名为"树枝"。用刷子工具,填充颜色为:左边 FEB445,右边#FDA92D、#A9FD1C,绘制效果如图:

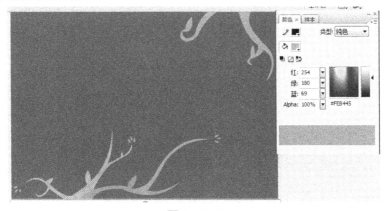

图 2-6-2

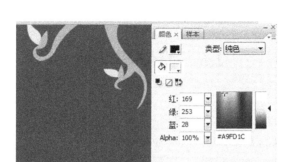

图 2-6-3

5.新建图层3,命名为"月亮"。选择椭圆工具,绘制一个正圆,295 × 275 像素,填充为渐变填充,类型为放射状,分别填充颜色为白色,ALPHA值为52%;白色,ALPHA值为0%。

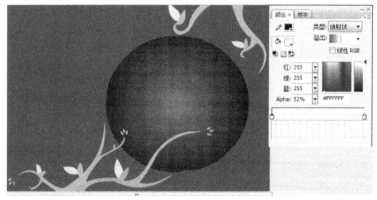

图 2-6-4

6.新建图层4,命名为"星星"。选择多角星形工具,绘制五角星,填充色为 FFFF00,并复制多个,效果如图:

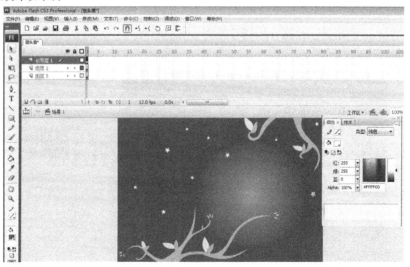

图 2-6-5

7.新建图层 5,命名为"猫头鹰"。选择多角星形工具,绘制一个三角形,填充颜色为:#AE40A4,用选择工具进行变形,执行 Ctrl+G 进行组合。

8.新建图层 6,命名为"眼睛"。选择椭圆工具绘制一个正圆,大小 40 × 20 像素,填充白色。执行复制,粘贴命令,将圆复制一个,并缩小,填充上黑色。

9.选中两个圆,组合。并复制一个放在右边,调整好位置。

10.新建图层 7,命名为"翅膀"。用钢笔工具,绘制翅膀,填充颜色为#FFCCCC。

图 2-6-6

11.导出动画,保存。

2.7　风　景

1.新建文档,大小为 550 × 400 像素,背景为渐变填充。

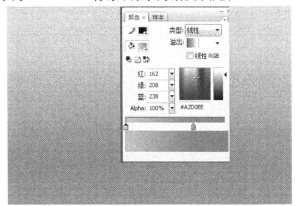

图 2-7-1

2.绘制树,新建元件,命名为"树1"。在舞台上绘制一个空心圆,用选择工具进行调整。

3.新建图层,用钢笔工具沿画好的圆作参考,绘制一个圆形。

4.用选择工具将各个结节的直线调整为曲线,并用部分选取工具将部分曲线的弧度调整得大一些。

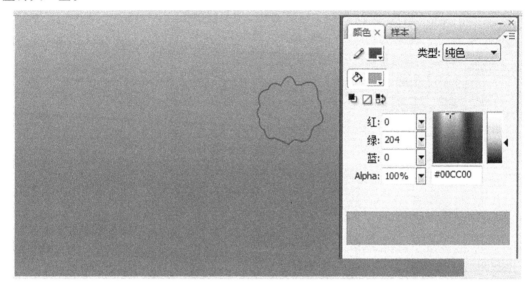

图 2-7-2

5.用同样的方法绘制出树冠部分,并填充上颜色。

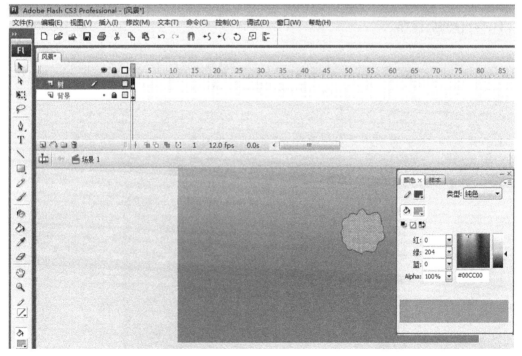

图 2-7-3

6.复制作一个作为阴影部分。

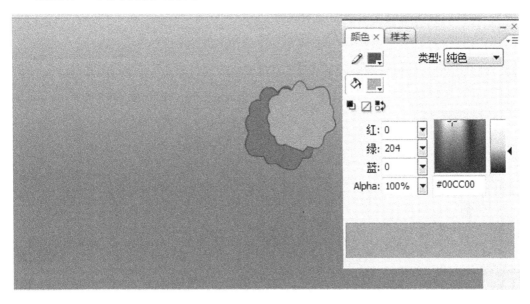

图 2-7-4

7.画出树干的阴影部分,并填充颜色。命名为"枝杆",用钢笔工具画出树干。选中前面的图层,复制一个,用缩放工具进行缩小的旋转。放在树的右边作为枝干。回到场景,在舞台上绘制一个矩形,并填充上渐变填充,效果如图:

图 2-7-5

8. 新建图层,命名为"山峰"。用铅笔工具,选择墨水选项,画出山峰,填充上蓝色的线性渐变,并将山峰图层放在山坡图层的后面。

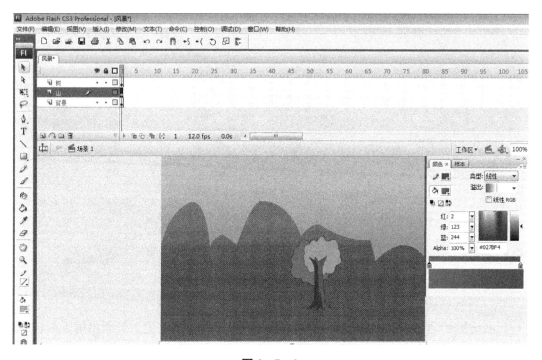

图 2-7-6

9. 选中树,并复制多个进行排列。

图 2-7-7

10.新建图层,命名为"山坡",复制图层 1 的矩形,用选择工具进行变形,并填充浅绿色到深绿色的渐变。

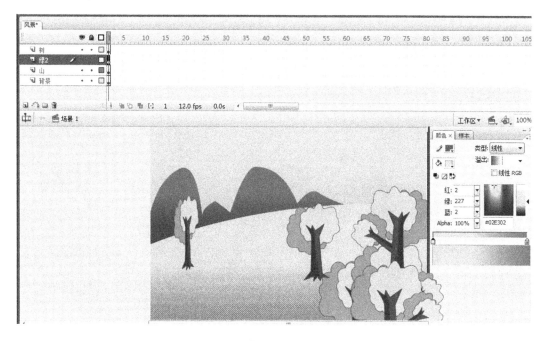

图 2-7-8

11.新建图层,复制山坡层的图形,用选择工具进行变形,并填充浅绿色到深绿色的渐变。

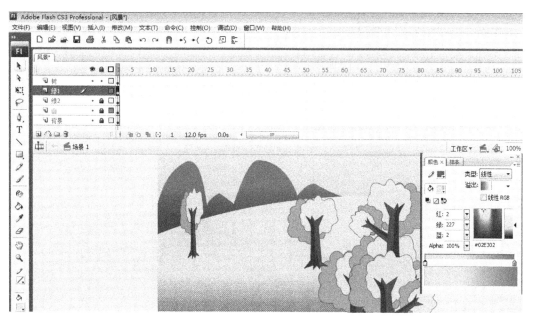

图 2-7-9

12.新建图层,命名为"云"。选择椭圆工具,随意绘制椭圆,效果如图,去掉轮廓线,执行:修改—形状—柔化填充边缘。距离为 20px,步骤数 10,方向为扩展。

图 2－7－10

13.导出,保存。

2.8 工具应用

1.新建文档,大小 540 × 400 像素,背景白色。

2.选择矩形工具绘制一个矩形,大小和背景相同,填充为渐变填充。颜色为#66CCFF,#FFCCCC,#FFFFFF。效果如图:

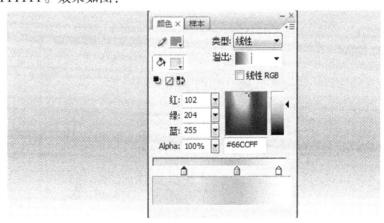

图 2－8－1

3.新建图层2，命名为"草地"。用矩形工具绘制一个矩形，再用部分选取工具进行变形，并填充渐变填充，颜色为#339900、#66FF33。效果如图：

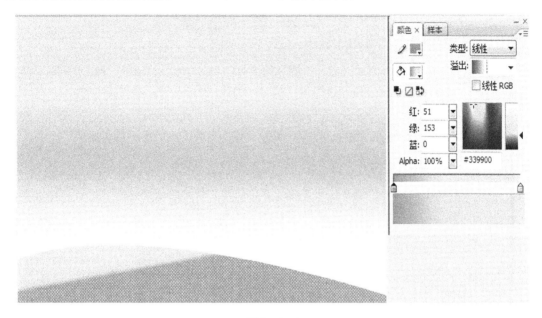

图 2-8-2

4.新建图层3，命名为"草地1"，步骤参照步骤3。效果如图：

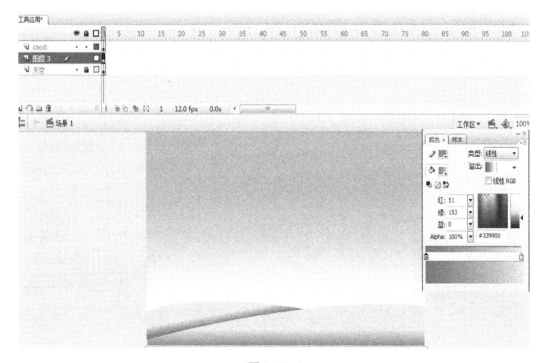

图 2-8-3

5.新建图层4,命名为"树"。用椭圆工具绘制一个椭圆,放在上面,填充放射状填充。颜色依次为#66CC00、#2F5401。绘制一个矩形放在下面,填充为#663300。效果如图:

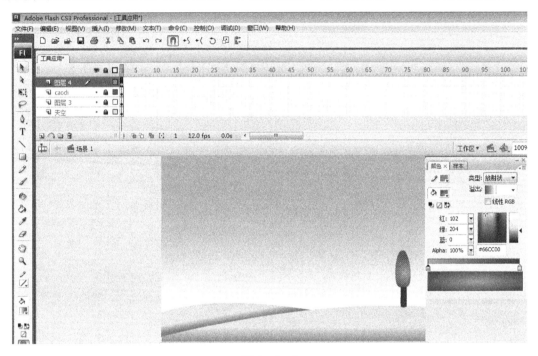

图 2-8-4

6.新建图层5,命名为"树1",颜色参上,效果如图:

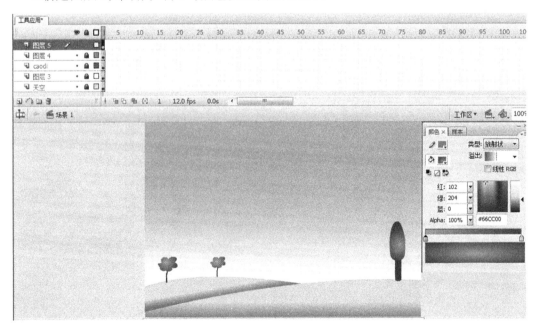

图 2-8-5

7.新建图层6,命名为"房子"。用钢笔工具绘制房顶,颜色为#FF6600,用椭圆工具绘制几个小圆随意进行摆放,效果如图。选择矩形工具,绘制一个矩形,用部分选取工具进行变形,填充颜色为#FFCC66。选择铅笔工具,绘制门部分,颜色为#663300。效果如图:

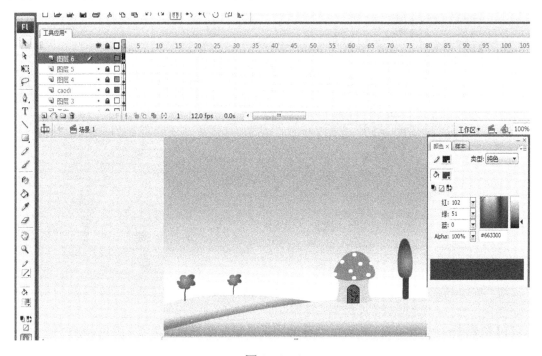

图 2-8-6

8.新建图层7,命名为"小路"。用钢笔工具绘制出形状,并填充上颜色。

图 2-8-7

9.新建图层8,命名为"太阳"。选择多角星形工具,绘制一个太阳,颜色为#FFCC00。

图 2-8-8

10.新建图层9,命名为"眼睛"。选择椭圆工具绘制小椭圆,填充为黑色,再绘制一个小椭圆,填充为白色,放在黑色圆的中间,并调整好位置。用线条工具,绘制一根线条,再用部分选取工具进行变形。

图 2-8-9

11.新建图层 10,命名为"云"。选择椭圆工具,绘制 4 个椭圆,填充为白色。效果如图:

图 2-8-10

12.导出影片,保存。

2.9　小青蛙

1.新建文档,大小 550 × 400 像素,背景颜色为#FF99CC。

图 2-9-1

2.将图层1改名为"头",新建元件,绘制效果如图:

图 2-9-2

注:青蛙脸部、眼睛的颜色为#A8FB23,红晕的颜色为#FF5D2E,嘴上的颜色为#681200,舌头的颜色为#D95B60,眼框和眼珠分别为白色和黑色。

3.新建图层2,命名为"衣服"。新建图形元件,利用钢笔工具、椭圆和矩形绘制形状如图,颈部颜色为#A8FB23,衬衫为白色,领带为#236D9E。

图 2-9-3

4.将衣服层放置在"头"层下面。

5.新建图层名称为"右手",利用椭圆工具绘制一个椭圆。填充色为#A8FB23,用CTRL+G 进行组合,选择矩形工具绘制一个矩形,并用部分选取工具进行变形,填充为白色。效果如下:

图 2-9-4

6.新建一层,名称为"左手",复制"右手",粘贴到左手层,执行修改—变形—水平翻转。

7.新建一层,名称为"脚",放在图层的最下方,选择钢笔工具绘制裤子的形状,并进行填充,颜色为#236D9E,轮廓颜色为#14406F。选择椭圆工具,绘制 2 个椭圆放在裤子的下面,作为脚,填充色为#A8FB23。

图 2-9-5

8.将各图层进行编辑组合位置。最后效果如图：

图 2-9-6

9.导出 SWF 格式的动画,保存。

第3章　逐帧动画

逐帧动画是一种常见的动画形式（Frame By Frame），其原理是在"连续的关键帧"中分解动画动作，也就是在时间轴的每帧上逐帧绘制不同的内容，使其连续播放而成动画。

因为逐帧动画的帧序列内容不一样，不但给制作增加了负担而且最终输出的文件量也很大，但它的优势也很明显：逐帧动画具有非常大的灵活性，几乎可以表现任何想表现的内容，而它类似于电影的播放模式，很适合于表演细腻的动画。例如：人物或动物急剧转身、头发及衣服的飘动、走路、说话以及精致的3D效果等。

3.1　打字效果

1.新建文档，大小为 550 × 400 像素，背景颜色为黑色。

2.选中图层 1，重命名为"字母"。

3.选中第 4 帧，按 F6 添加关键帧，在舞台上输入字母"G"。

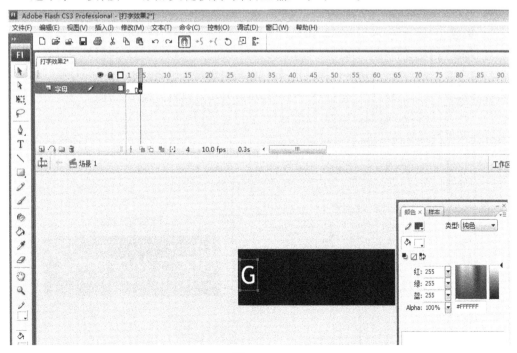

图 3-1-1

4.在第 5 帧处,添加关键帧,输入字母"O"。

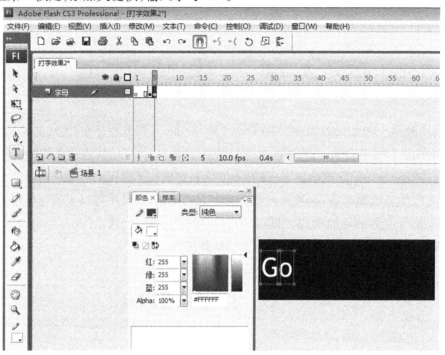

图 3-1-2

5.重复以上步骤,每添加一帧,添加一个字母。最后效果如图:

图 3-1-3

6.新建图层2,命名为"光标"。

7.在第1帧处,用线条工具,绘制一条横线,如图：

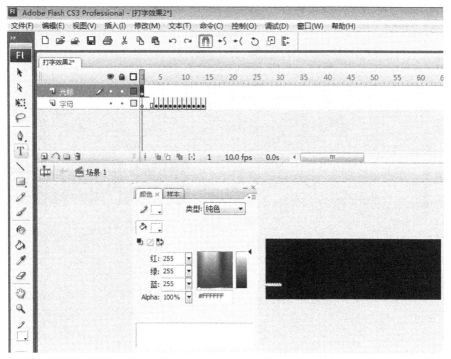

图 3-1-4

8.在第 2 帧处插入一个空白关键帧。（光标闪动的效果）

9.在第 3 帧处将光标移动到字母"G"的右下方。

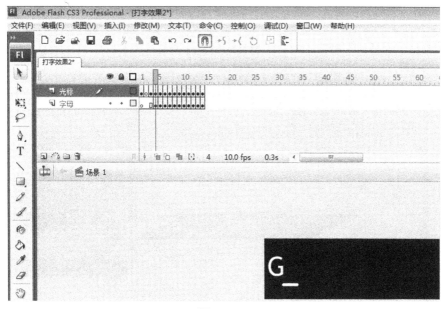

图 3-1-5

10.重复第9步,每添加一帧,将光标移动到将要显示的字母的下方。

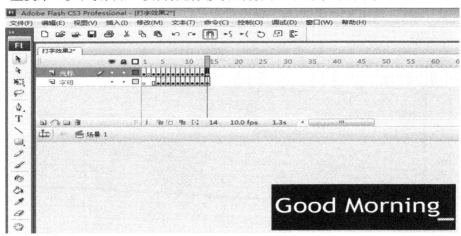

图 3-1-6

注:选显示光标,再显示字母。

11.保存。

3.2 砖体字

1.新建文档,大小 300 × 100 像素,背景颜色为白色。

2.选择矩形工具,绘制一个矩形,填充颜色#CC6600,并用任意变形工具倾斜效果进行倾斜、调合。

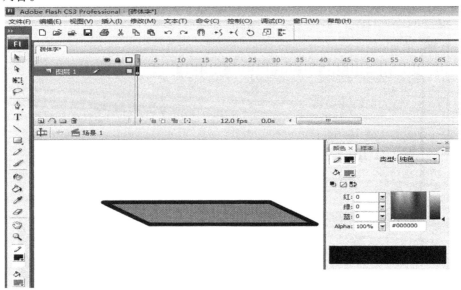

图 3-2-1

3.绘制一个矩形放在该矩形的左下方,填充色为#CC9900。用任意变形工具倾斜效果进行倾斜、调合。

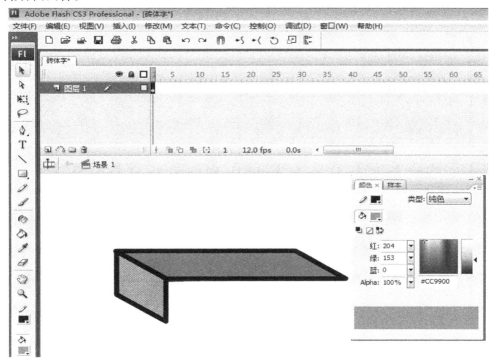

图 3-2-2

4.再绘制一个矩形,放在正前方,填充颜色为#990000。

5.选中全部图形,按 Ctrl+G 进行组合。

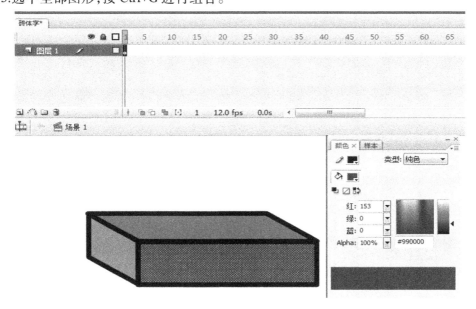

图 3-2-3

6.在第2帧处插入关键帧,复制一个放在前面。

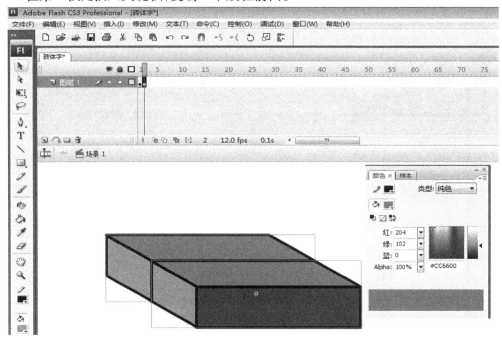

图 3-2-4

7.重复上述步骤,至26帧,得到效果。

8.在第40帧处插入帧。

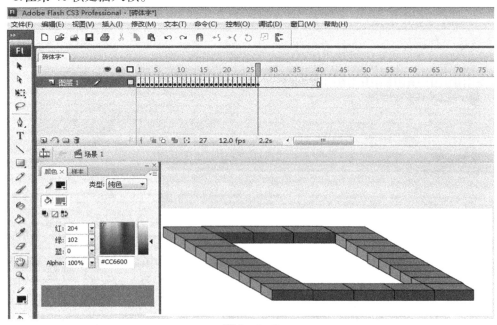

图 3-2-5

9.保存,导出动画。

3.3　眨眼的小猫

1.新建文档,大小 550 × 400 像素,背景颜色为白色。

2.点击图层 1,重命名为"头"。

3.利用椭圆工具绘制一个圆,大小为 250 × 220 像素,颜色为放射状#FFFFFF、#CCFFFF。在第 40 帧处插入帧。

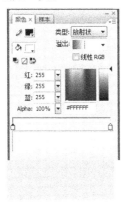

图 3-3-1

4.新建图层 2,更改名称为"脚"。利用椭圆工具绘制 2 个椭圆,大小为 50 × 40 像素,颜色为白色。在第 40 帧处插入帧。

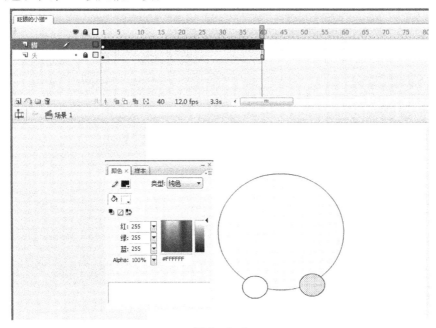

图 3-3-2

5.新建图层 3,重命名为"鼻子"。用椭圆工具绘制一个椭圆,大小为 40 × 30 像素,颜色为放射状填充#FFFFFF、#6699FF。

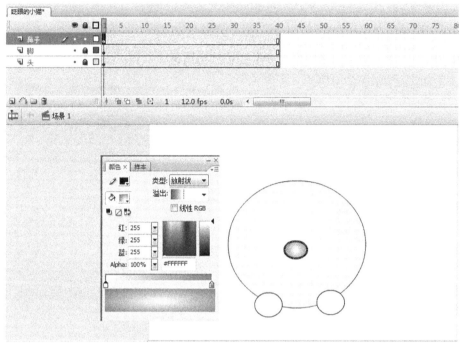

图 3-3-3

6.新建一层,重命名为"嘴",分别用线条工具绘制,效果如图:

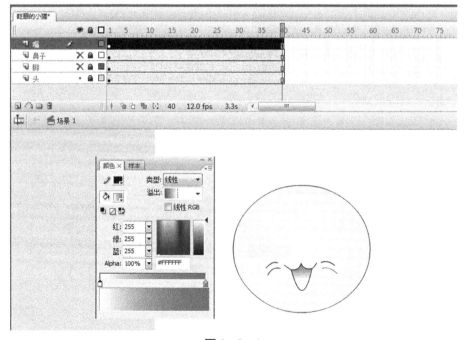

图 3-3-4

7.新建一层命名为"耳朵",绘制如图:

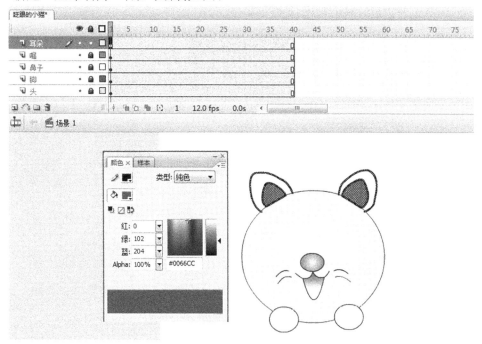

图 3-3-5

8.新建一层,命名为"眼睛",分别利用椭圆和线条工具绘制眼睛的 2 种状态,如图:

图 3-3-6

图 3-3-7

9.将睁开的效果放在第一帧,在第 15 帧处绘制第 2 种状态。在第 30 帧处,复制第 1 帧的内容,达到眨眼的效果。

图 3-3-8

10.保存,导出 SWF 格式的动画。

第4章 动画补间动画

动画补间动画是指在Flash的时间帧面板上,在一个关键帧上放置一个元件,然后在另一个关键帧改变这个元件的大小、颜色、位置、透明度等,Flash将自动根据二者之间的帧的值创建动画。动画补间动画建立后,时间帧面板的背景色变为淡紫色,在起始帧和结束帧之间有一个长长的箭头;构成动画补间动画的元素是元件,包括影片剪辑、图形元件、按钮、文字、位图、组合等,但不能是形状,只有把形状组合(Ctrl+G)或者转换成元件后才可以做动画补间动画。

形状补间动画和动画补间动画都属于补间动画。前后都各有一个起始帧和结束帧,二者之间的区别如图4-1所示。

区　别	动画补间动画	形状补间动画
在时间轴上的表现	淡紫色背景加长箭头	淡绿色背景加长箭头
组成元素	影片剪辑、图形元件、按钮	形状,如果使用图形元件、按钮、文字,则必先打散再变形。
完成的作用	实现一个元件的大小、位置、颜色、透明等的变化。	实现两个形状之间的变化,或一个形状的大小、位置、颜色等的变化。

图4-1

选择时间轴的关键帧,单击右键,在弹出的菜单中选择新建补间动画,建立"动画补间动画。如图4-1-1所示。

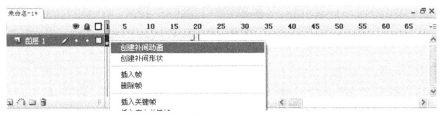

图4-1-1

在属性面板上单击补间旁边的"小三角",在弹出的菜单中选择动作,如图4-1-2所示。

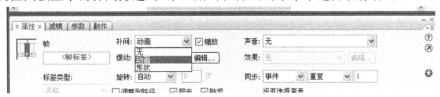

图4-1-2

创建完成后在时间轴上的效果,如图 4-1-3 所示。

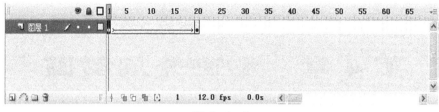

图 4-1-3

4.1 荷塘月色

1. 背景创建

(1)新建 Flash 文档,设置舞台大小为 300 × 260 像素,背景色为深灰色(#666666)。如图 4-1-4 所示。

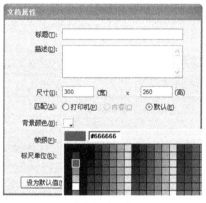

图 4-1-4

(2)在图层一第一帧单击矩形工具,设置无线条,填充色为#0000CC 到#0066CC 的线性渐变,用鼠标在舞台工作区的下边拖曳,绘制一个蓝色的矩形湖面。如图 4-1-5 所示。

图 4-1-5

（3）单击椭圆工具,设置线的颜色为无颜色,填充色为#FFFF00 到#FFFFCC 的放射状黄色。按住 Shift 键不放,在舞台上方拖曳鼠标,绘制一个黄色的圆月亮图形。将月亮和湖面选中,将它们组成群组。如图 4-1-6 所示。

图 4-1-6

（4）单击刷子工具,设置填充色为深绿色#009900,设置最小的竖形笔型。用鼠标在舞台工作区的上边拖曳,绘制出垂柳图形,然后组合。如图 4-1-7 所示。

图 4-1-7

（5）单击椭圆工具,设置线的颜色为无颜色,填充色为#016D01 到#03B803 放射状绿色。在舞台工作区外拖曳绘制出绿色椭圆;再设置线的颜色为黑色,无填充色,在绿色椭圆之上绘制一个小圆并用刷子绘制几条线,形成荷叶图形。如图 4-1-8 所示。

图 4-1-8

（6）单击选择工具，用鼠标拖曳出一个矩形选中荷叶，然后组合。按住 Ctrl 键不放，用鼠标拖曳荷叶图形，复制荷叶图形到湖面上，按照此种方法复制多个荷叶图形然后使用任意变形工具调整复制荷叶的大小和角度。

2.蜻蜓动画制作

（1）新建图层 2，导入蜻蜓素材到舞台中，并放置于合适位置，选择图层 2 第 30 和 60 帧分别插入关键帧，选择图层 1 在第 60 帧插入普通帧。如图 4-1-9 所示。

图 4-1-9

（2）在图层 2 的第 30 和 60 帧处分别改变蜻蜓的位置并创建动画补间。如图 4-1-10 所示。

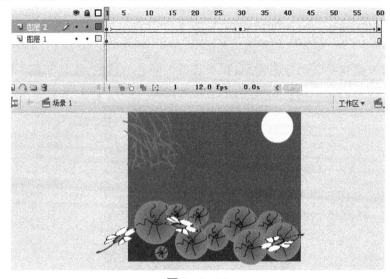

图 4-1-10

4.2　桌　球

1.新建 Flash 文档,调整舞台大小,将图层 1 命名为"球桌",从素材中导入球桌素材,设置球桌大小和舞台相同,并将球桌相对于舞台居中对齐,后锁定球桌图层。如图 4-2-1 所示。

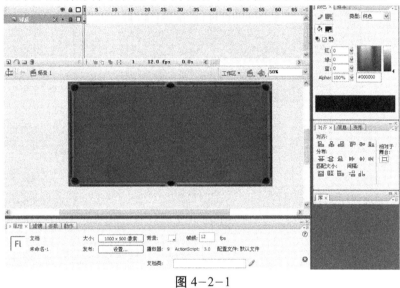

图 4-2-1

2.绘制白色母球,打开时间轴面板,新建图层,并双击该图层,将其命名为白球。用椭圆工具画一个灰白渐变的 30 × 30 像素的正圆,用颜料桶工具将高亮点调到左边一点,然后删除圆形轮廓线。并将其组合。如图 4-2-2 所示。

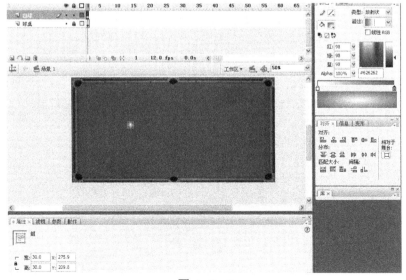

图 4-2-2

3.与制作白球相同,新建图层,并双击该图层,将其命名为红球。如图4-2-3所示。

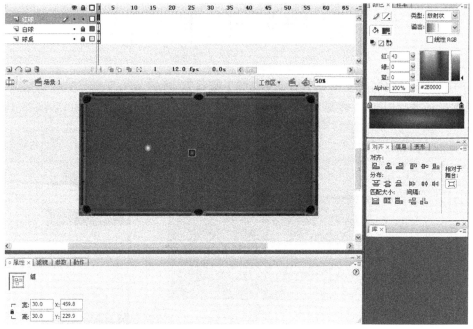

图 4-2-3

4.制作白球撞击黑球,在白球图层第15帧处按F6键插入关键帧,在球桌图层和黑球图层15帧处按F5键插入普通帧,用选择工具将白球移到黑球边上,并在白球层添加传统补间。如图4-2-4所示。

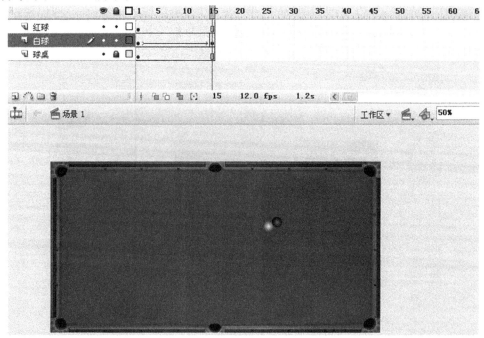

图 4-2-4

5.在黑球图层15帧处按F6,然后在35帧处按F6,并将黑球移到右上底袋处后创建补间动画。在球桌图层35帧处按下F5。如图4-2-5所示。

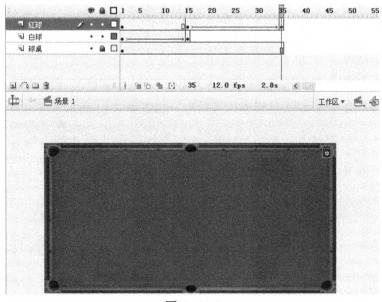

图4-2-5

6.在白球图层45帧处按下F6,将白球偏向下面前移一点距离并创建补间动画。如图4-2-6所示。

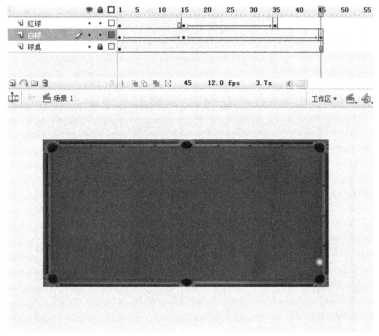

图4-2-6

7.完成制作,保存测试影片。

4.3 八戒照镜子

1.绘制一面镜子。

打开任务一中创建的文档,将图层1命名为镜子。选择椭圆工具,绘制椭圆,并把镜子内部颜色的 alpha 值设为 40%,然后将该层锁定。如图 4-3-1 所示。

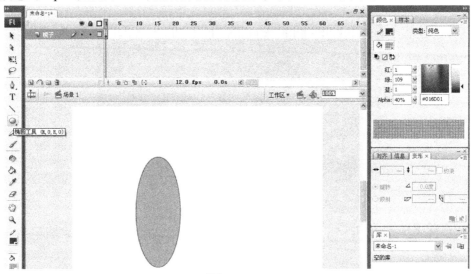

图 4-3-1

2.导入外部素材。

单击插入图层按钮,插入图层2并将图层2命名为八戒,执行"文件"→"导入"→"导入到舞台"命令,选择素材库中的"八戒 .jpg"文件,如图 4-3-2 所示。

图 4-3-2

3.制作移动的小猪。

在该层第 25 帧处按 F6 键插入关键帧,然后将第 25 帧处的"八戒"拖至镜子前。在这两帧之间创建补间动画,形成小猪走向镜子的动画效果。为防止错误操作,同样也将该图层锁定。如图 4-3-3 所示。

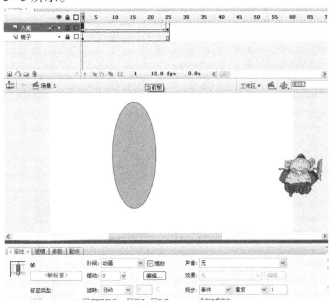

图 4-3-3

4.制作镜子内出现"小猪"的动画。

新建名为"镜子内八戒"的图层,并将该层拖至镜子层的下面。在该层的第 23 帧处,按 F6 插入关键帧。复制"八戒"层的八戒,将它粘贴到"镜子内八戒"层的第 23 帧处。执行"修改"→"变形"→"水平翻转"命令,将小猪水平翻转。执行两次"Ctrl+B"将其打散。在它的选中状态没有取消的情况下,执行 Ctrl+C 复制,以备后用。然后将其移至镜子内侧前,再用橡皮擦工具把镜子外的部分擦除。如图 4-3-4 所示。

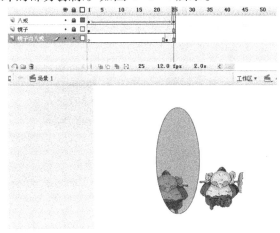

图 4-3-4

在第 25 帧位置按 F7 键插入空白关键帧,执行 Ctrl+Shift+V,把刚才复制的小猪原位置粘贴。将它再往前移动一点,然后用橡皮擦工具把镜子外的部分擦除,同时对 23 帧到 25 帧中间创建补间。如图 4-3-5 所示。

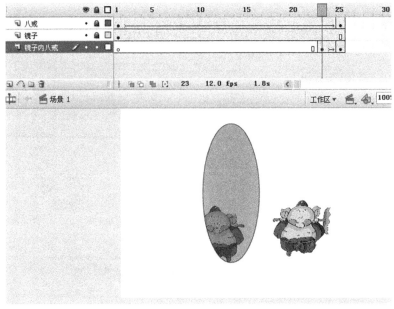

图 4-3-5

5.制作舞台旁白。

新建图层为"旁白"。选择"旁白"层的第 29 帧,按 F7 键插入空白关键帧。在该帧输入第一句话"哈,这是哪位?"。选中第 43 帧,输入第二句话"好丑噢!"。并将所有图层都延长至 60 帧位置处。如图 4-3-6 所示。

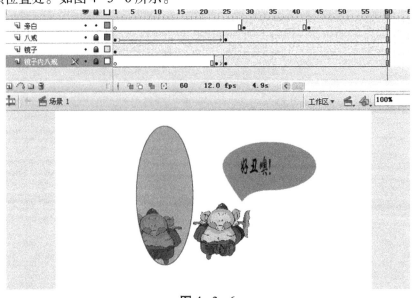

图 4-3-6

4.4　时　钟

1.新建一个 Flash 文档,将图层 1 命名为表盘。选择椭圆工具,设笔触为黑色,填充为绿色,按住 Shift 键画出一个正圆。如图 4-4-1 所示。

图 4-4-1

2.复制一个圆,将其缩小,填充改为白色。用选择工具选中两个圆,执行菜单/修改/对齐/垂直中齐和水平中齐。如图 4-4-2 所示。

图 4-4-2

3.画青蛙的手。新建一个图层,命名为"手",放在图层面板最下层。将绿色的椭圆再复制一个,并用任意变形工具调到如下大小。如图 4-4-3 所示。

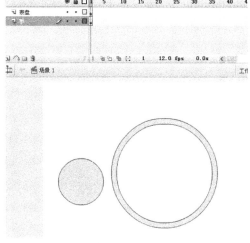

图 4-4-3

4.将这个小椭圆放在侧面如下位置。如图 4-4-4 所示。

图 4-4-4

5.再复制一个小椭圆,放在另外一边完成青蛙的手。如图 4-4-5 所示。

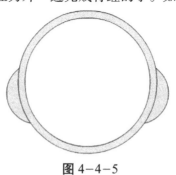

图 4-4-5

6.画青蛙的脚。新建一个图层,命名为"脚",放在图层面板最下层。脚是由 1 个大椭圆和 5 个小椭圆组成的,所以先复制出 6 个椭圆并调整到如下大小,如图 4-4-6 所示。

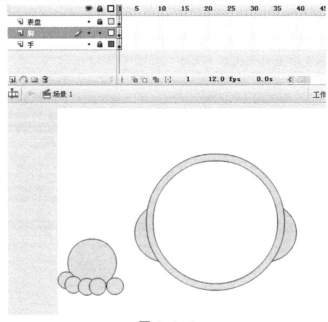

图 4-4-6

7. 排好之后选中整个脚,复制一份,选择菜单/修改/变形/水平翻转后放在另外一边完成青蛙的脚。如图 4-4-7 所示。

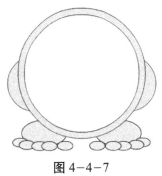

图 4-4-7

8. 画时间刻度。新建一个图层,命名为"刻度",放在最上层。用直线工具画一条任意长度的直线。如图 4-4-8 所示。

图 4-4-8

9. 选中这条直线,Ctrl+T 调出变形面板,将"旋转"的角度设为"15"。单击右下角的"复制并应用变形"按钮,就能复制出另外一条。如图 4-4-9 所示。

图 4-4-9

10. 选中所有的直线,Ctrl+G 群组。再用椭圆工具按住 Shift 键画出如下正圆。选中直线和椭圆,执行菜单/修改/对齐/垂直中齐和水平中齐。如图 4-4-10 所示。

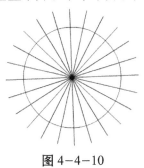

图 4-4-10

11.将它们全部打散后删掉多余的线条,只留下椭圆外面的这一圈直线就形成了一个刻度盘,再将它们群组。如图4-4-11所示。

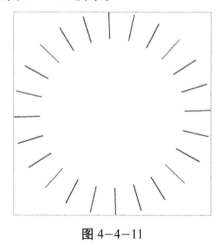

图 4-4-11

12.用任意变形工具将时间刻度调整到合适的大小,放在时钟上如下位置即可。如图4-4-12所示。

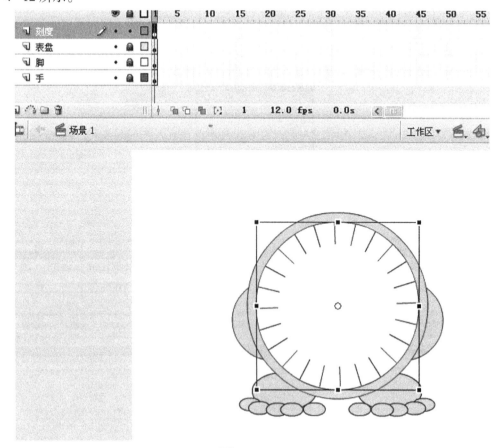

图 4-4-12

13.画眼睛。新建一个图层,命名为"眼睛",放在最下层。再画三个小椭圆,一个绿色,一个白色,一个黑色,轮廓均为黑色。将三个椭圆如下叠放在一起,完成一只眼睛。复制一个眼睛,执行菜单/修改/变形/水平翻转后放在另外一边完成一对眼睛。如图 4-4-13 所示。

图 4-4-13

14.画指针。新建一个图层,命名为"时针",用矩形工具画一个,笔触为黑,填充为绿的矩形。 复制出一个,并用任意变形工具调到大小。将两个矩形放置重合。用选择工具将小矩形上面的两个端点分别向内拖动就可调整成三角形。 删除多余的线条后 Ctrl+G 群组。如图 4-4-14 所示。

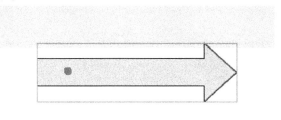

图 4-4-14

15.在第30帧处按F6插入关键帧,并添加动画补间。选择任意变形工具,将中心点拖到靠近下部的位置。选中第1帧,在属性面板中设"旋转"为"顺时针1次"。如图4-4-15所示。

图 4-4-15

16.新建一个图层,命名为"分针",如时针一样创建一个30帧旋转3周的补间动画并放至合适位置。如图4-4-16所示。

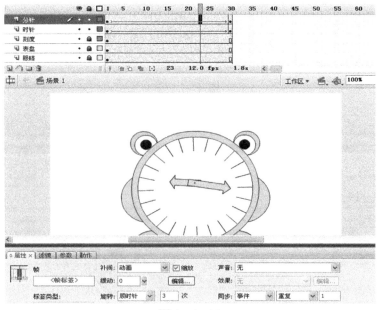

图 4-4-16

17.保存影片。

第5章 形状补间动画

补间动画一直是 Flash 里常用的效果，所谓的补间动画，其实就是建立在两个关键帧（一个始，一个结束）的渐变动画，我们只要建立好开始帧和结束帧,中间部分软件会自动帮我们填补进去。补间动画有两种:动画补间和形状补间。

形状补间动画是淡绿色底加一个黑色箭头组成的。是 Flash 动画类型当中变化最丰富和复杂的类型,它只要定义了变化的开始和结束桢,Flash 就会以独特的算法对 Flash 动画的大小、颜色和形状做精美的变形,是由一个物体到另一个物体间的变化过程,如由五角星变成圆形等。在形状补间创建过程中,补间对象必须是矢量图形。当编辑对象不是矢量图形时,应该执行"修改—分离"命令或者使用 Ctrl+B 快捷键将对象分离直到变为矢量图形形状补间的创建方法,如图 5-1-1 所示。

图 5-1-1

1.通过鼠标右击需要创建形状补间的帧范围,选择创建补间形状,如图 5-1-2 所示。

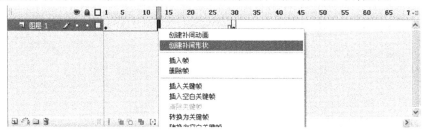

图 5-1-2

2.通过属性面板选择补间为形状,如图 5-1-3 所示。

图 5-1-3

创建完成后是由淡绿色底加一个黑色箭头组成的,如图 5-1-4 所示。

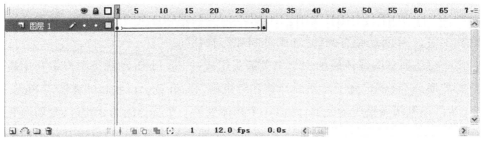

图 5-1-4

5.1 变化的数字

1. 数字动画制作

(1)设置好舞台,大小为 400 × 300 像素,背景颜色为白色(#FFFFFF),并选择工具栏中的文本工具,如图 5-1-5 所示。

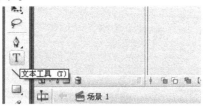

图 5-1-5

(2)在属性面板中选择文本类型为静态文本,设置字体大小为 100,颜色为#66FFFF,并输入文本对象数字"1",如图 5-1-6 所示。

图 5-1-6

（3）选择文字,通过对齐面板将文字对象相对于舞台居中,如图 5-1-7 所示。

图 5-1-7

（4）选择文字对象,按 Ctrl+B 或者修改—分离命令将其修改为矢量图形。如图 5-1-8 所示。

图 5-1-8

（5）选择第 5 帧（建议在 12 帧位置处）,按 F7 或者右键时间轴创建空白关键帧,如图 5-1-9 所示。

图 5-1-9

（6）选择第 5 帧,在第 5 帧处重复操作 1—5 步操作,完成数字 2 的操作。如图 5-1-10 所示。

图 5-1-10

（7）重复操作完成五个数字（根据需要修改对象的颜色）,并创建补间形状数字动画制作。如图 5-1-11 所示。

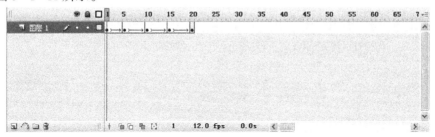

图 5-1-11

2.装饰的形变

（1）锁定图层 1,选择插入图层命令,插入新图层（图层 2）,如图 5-1-12 所示。

图 5-1-12

（2）选择图层 2 第 1 帧，并在舞台的左上角（0，0）位置绘制如图的矢量线条。如图 5－1－13 所示。

图 5－1－13

（3）在图层 2 的 48 帧位置处创建空白关键帧，并在(0,0)位置绘制如图所示的矢量图形，如图 5－1－14 所示。

图 5－1－14

（4）在图层2上创建形状补间，并在（400,300）位置处绘制矢量图形并创建补间动画，如图5-1-15所示。

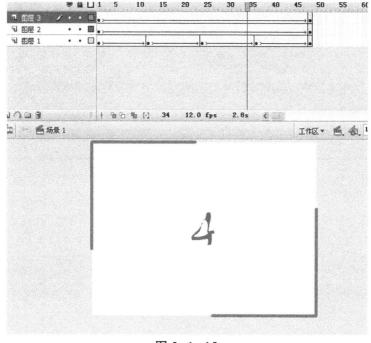

图 5-1-15

3. 完成动画制作并保存测试影片。

5.2 神奇的线条

1. 线条由短变长动画

（1）设置好舞台，大小为 400 × 300 像素，背景颜色为白色（#FFFFFF）。如图5-2-1所示。

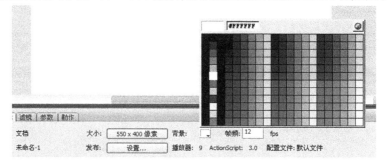

图 5-2-1

（2）选择工具栏中的线条工具，并在属性面板修改线条大小为10，线形为实线型。线条颜色设置为#FF0000。如图 5-2-2 所示。

图 5-2-2

（3）在图层1的第1帧处画一条长度为30的线条并放在舞台的(0,200)位置处。如图 5-2-3 所示。

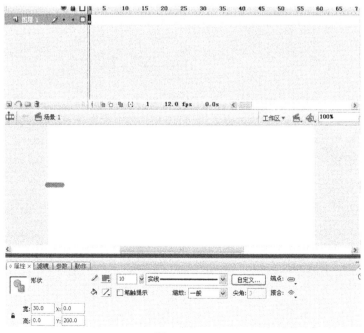

图 5-2-3

（4）选择图层 1 的第 25 帧插入关键帧（F6），并用选择工具将线条长度修改为 450。位置在舞台的（0,200）处不变。如图 5-2-4 所示。

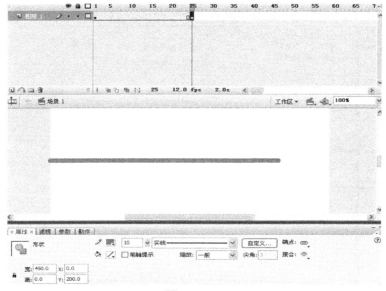

图 5-2-4

（5）对第 1 帧创建补间形状完成线条动画的制作。

2. 线条变圆制作

（1）将图层 1 延长至 55 帧位置，新建图层 2，并选择图层 2 的第 25 帧插入关键帧（F6）。
（2）用选择工具将线条长度修改为 450，放置于图层 2 的（0,200）位置处。如图 5-2-5 所示。

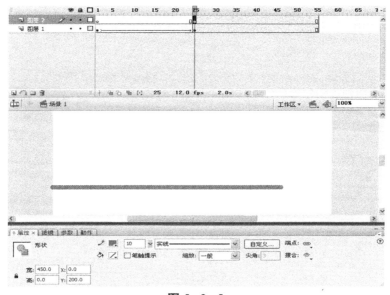

图 5-2-5

（3）将图层 2 的第 55 帧转换为关键帧并清除第 55 帧的内容。

（4）在舞台中绘制一个直径为 100,线条粗细为 10,颜色为红色(#FF0000),填充色为无颜色的正圆,并放置于图层 2 的(400,100)处。如图 5-2-6 所示。

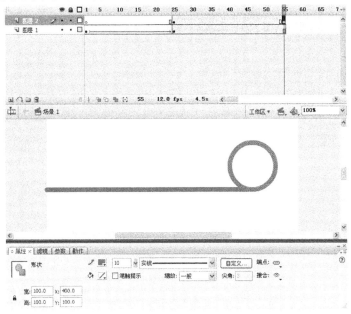

图 5-2-6

（5）对图层 2 的第 25 帧到 55 帧创建补间动画。完成线条变圆的动画制作。如图 5-2-7 所示。

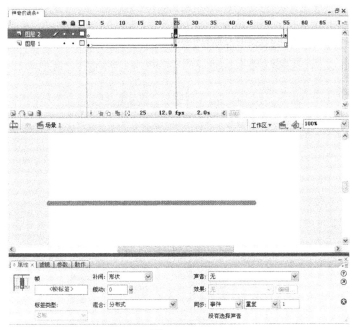

图 5-2-7

3. 影片测试及导出

将图层1、图层2分别延长至60帧位置处,并保存文件,测试影片。如图5-2-8所示。

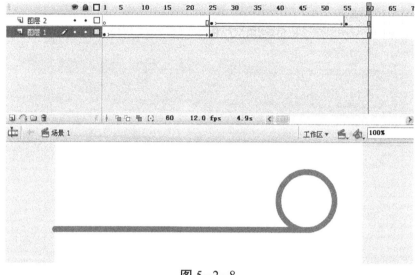

图 5-2-8

5.3　中秋快乐

1. 背景创建

(1)新建 Flash 文档,在属性面板设置文件为 400 × 300 像素,背景为白色,如图 5-3-1
所示。

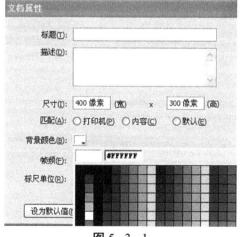

图 5-3-1

（2）创建背景图层

执行文件—导入到场景命令，将"素材.jpg"图片导入到场景中，并在对齐面板将素材匹配舞台宽高，放于舞台中心位置。如图 5-3-2 所示。

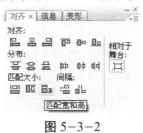

图 5-3-2

2.创建灯笼形状

（1）执行窗口—颜色命令，打开颜色面板，设置白色（#FFFFFF）到红色（#FF0000）的放射状填充。如图 5-3-3 所示。

图 5-3-3

选择工具栏上的椭圆工具，去掉边线，在场景中画一个椭圆作为灯笼的主体，大小为 65 × 40 像素。画灯笼上下的边，打开颜色面板，设置#FFCC33、#FFFF00、#FFCC33 的三色线性渐变。如图 5-3-4 所示。

图 5-3-4

（2）选择工具栏上的矩形工具，去掉边线，画一个矩形，大小为 30×10 像素，复制这个矩形，分别放在灯笼的上下方，再画一个小的矩形，长宽为 7×10 像素，作为灯笼上面的提手。最后用直线工具在灯笼的下面画几条黄色线条作灯笼穗。如图 5-3-5 所示。

图 5-3-5

（3）复制粘贴四个灯笼

复制画好的灯笼，新建三个图层，在每个图层中粘贴一个灯笼，调整灯笼的位置，使其错落有致地排列在场景中。如图 5-3-6 所示。

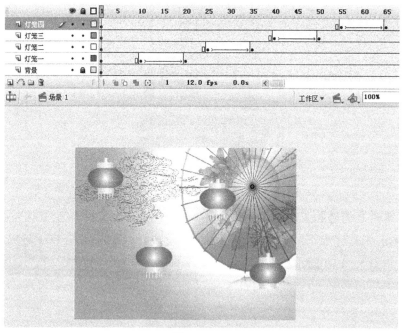

图 5-3-6

3.把文字转为形状取代灯笼

（1）选取第一个灯笼，在第 20 帧处用文字"中"取代灯笼，在属性面板上的参数：文本类型为静态文本，字体为隶书，字体大小为 60，颜色为红色。对"中"字执行修改——分离命令（Ctrl+B），把文字转为形状。

（2）依照以上步骤，在相应图层上依次用"秋"、"快"、"乐"三个字取代另外三个灯笼，并执行分离操作。

4.创建形状补间动画

在"灯笼"各图层建立形状补间动画，执行控制测试影片命令，观察本例 swf 文件生成的动画结果，将文件保存为"庆祝国庆 .fla"。

5.4 鸡蛋变小鸡

1.新建影片文档和设置文档属性

新建一个影片文档。展开"属性"面板，设置"背景颜色"为绿色，其他参数保持默认值。如图 5-4-1 所示。

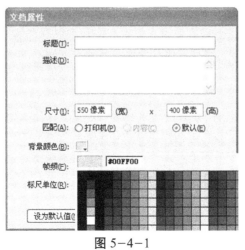

图 5-4-1

2.绘制鸡蛋

（1）在工具箱中选择椭圆工具，设置填充色为"无"，然后在舞台上拖动鼠标绘制一个椭圆，接着使用选择工具局部修改椭圆的形状，使它更加接近鸡蛋的形状。如图 5-4-2 所示。

图 5-4-2

（2）展开颜色面板，选择填充类型为"放射状"，定义渐变栏为淡黄（#FBE9BF）到橙黄（#FEC94E）的渐变。如图 5-4-3 所示。

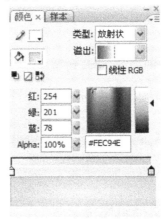

图 5-4-3

（3）选择工具箱中的颜料桶工具，将鼠标指针移动到鸡蛋的左上方单击填充颜色。接着使用选择工具选中鸡蛋的轮廓线，按下键盘上的 Del 键把它删除，完成绘制的鸡蛋，如图 5-4-4 所示。

图 5-4-4

3.绘制小鸡

（1）将"图层 1"重命名为"变形"，单击"变形"图层的第 70 帧，按下键盘上的 F7 键插入空白关键帧。在工具箱中选择椭圆工具，设置笔触色为"无"，填充色为黄色。然后在舞台上拖动鼠标绘制两个椭圆，接着使用选择工具局部修改椭圆的形状，通过叠加绘制形成小鸡的身体形状。如图 5-4-5 所示。

图 5-4-5

（2）选择线条工具绘制出小三角形状的鸡嘴,如图 5-4-6 所示。选择刷子工具绘制鸡腿,接着再复制出另一条腿。如图 5-4-7 所示。

图 5-4-6

图 5-4-7

（3）将绘制完成的鸡嘴、鸡腿和身体组装在一起,如图 5-4-8 所示。

图 5-4-8

4.绘制眼睛和羽毛

（1）新建图层,将它重命名为"眼睛和羽毛"。在这个图层的第 50 帧,按下键盘上的 F7 键插入空白关键帧。

（2）在工具箱中选择椭圆工具,设置笔触色为"无",填充色为桔黄色,在舞台上绘制出眼睛。然后选择刷子工具,设置填充色为淡土黄色,绘制出羽毛。如图 5-4-9 所示。

图 5-4-9

5.创建形状补间动画

（1）选择"变形"图层的第 10 帧,按键盘上的 F6 键插入关键帧。

（2）保持第 10 帧被选择的状态,在第 10 帧完成形状补间动画的定义。

6.添加形状提示

（1）选中"变形"图层的第 10 帧,接着选择"修改"|"形状"|"添加形状提示"命令(快捷键 Ctrl + Shift + H),可以看到鸡蛋上出现了 1 个带有字母的红色提示符,再次执行命令添加第 2 个形状提示。如图 5-4-10 所示。

图 5-4-10

（2）拖动第 10 帧上两个形状提示到鸡蛋的上下边上,接着选中第 50 帧,拖动形状提示符到小鸡的身体两侧,可以看到第 10 帧上的形状提示变成了黄色,第 50 帧上形状提示变成了绿色。说明形状提示定义成功。如图 5-4-11 所示。

图 5-4-11

（3）选中两个图层的第 70 帧,按 F5 键插入帧。如图 5-4-12 所示。

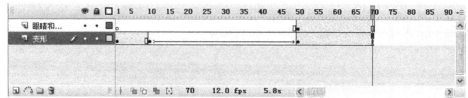

图 5-4-12

（4）按下快捷键 "Ctrl+S" 保存文件。按下快捷键 "Ctrl+Enter" 测试影片效果,鸡蛋变小鸡的形状补间动画制作完成。

第6章 元件和库

元件是 Flash 中创建动画和交互元素的重要部分,尤其是对于比较大的 Flash 动画,如果把所有的小动画都在一个时间轴上体现出来几乎是不可能的,只能借助元件,将一些小动画装入元件中,需要的时候再调用即可。下面讲解元件的基础知识和创建方法。

元件的类型

元件是动画中可以反复取出使用的一个小部件,它可以是图形、按钮或一个小动画,它可以独立于主动画进行播放。元件可以反复使用,因而不必反复制作相同的动画或素材,大大提高了工作效率,常见的元件类型有以下几种。

按钮元件

按钮元件用于创建动画的控制按钮,以响应鼠标的按下、单击等事件。按钮元件包括"弹起"、"指针经过"、"按下"和"点击"4种状态,在按钮元件的不同状态上创建不同的内容,可以使按钮对鼠标操作进行相应的响应。

图形元件

图形元件用于创建可反复使用的图形,它可以是静止图片,也可以是由多个帧组成的动画。它的特点是拥有相对独立的编辑区域,如果将其调用到场景中,会到受场景中帧的约束。

影片剪辑元件

影片剪辑元件本身也是一段动画,可以独立播放。当播放主动画时,影片元件也在循环播放,它不会受到场景中帧的约束。

元件的创建方法

· 新建一个空白元件,在元件编辑状态中创建元件内容。
· 将场景中创建好的对象转换成元件。
· 将动画转换成图形元件或影片剪辑元件。
· 在元件库中复制元件。

6.1　漂亮的线条

1.新建 Flash 文档,设置背景,如图 6−1−1 所示。

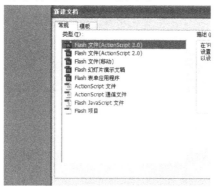

图 6−1−1

2.用钢笔工具绘制一条白色的曲线,并按 F8 将它转换成图形元件,如图 6−1−2 所示。

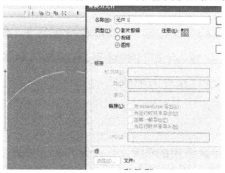

图 6−1−2

3. 在库面板中用快捷键 Ctrl+F8 直接创建一个新的影片剪辑,或者执行插入—新建元件—选择影片剪辑操作,将影片剪辑命名为"曲线",如图 6−1−3 所示。

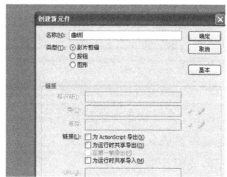

图 6−1−3

4. 在影片剪辑时间轴面板中制作一个曲线位移的简单动画。在第1帧的位置把元件1,也就是我们的曲线元件插入进来,调整好位置,然后在第20帧的位置单击鼠标左键,然后按F6插入关键帧。调整好元件1的位置,然后在第1帧到第20帧的中间任意处单击鼠标右键创建传统补间,测试动画,如图6-1-4所示。

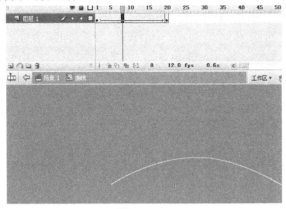

图6-1-4

5.执行步骤3的相关操作,创建一个新的影片剪辑,命名为"曲线2",如图6-1-5所示。

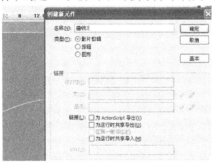

图6-1-5

6. 双击曲线2影片剪辑,我们来制作一个影片剪辑的嵌套动画,在曲线2影片剪辑中的第1帧位置插入我们的第一个影片剪辑即"曲线",如图6-1-6所示。

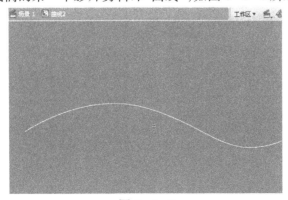

图6-1-6

7.我们要得到一个精确的动画,这时候我们就来直接复制曲线 2 影片剪辑中第 1 帧的动画。然后用上下左右键来进行精确调整(注:反复执行 Ctrl+C,然后 Ctrl+Shift+V 原位置粘贴操作),如图 6-1-7 所示。

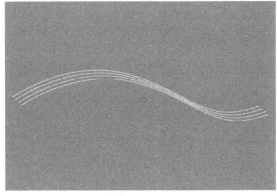

图 6-1-7

8.第二个影片剪辑后我们回到场景中,然后把曲线 2 影片剪辑插入到场景舞台中。用任意变形工具进行调整,也可执行修改—变形—顺时针旋转 90 度操作。如图 6-1-8 所示。

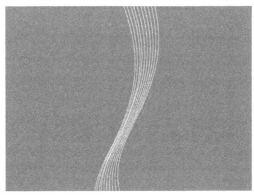

图 6-1-8

9.最后修改,测试动画,效果理想,完成保存,如图 6-1-9 所示。

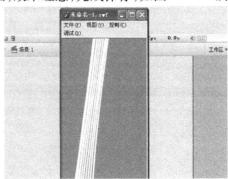

图 6-1-9

6.2　蜡　烛

1. 绘制"烛焰"元件

（1）新建一个 Flash 文档。设置舞台背景颜色为蓝色，其他保持默认设置。

（2）新建一个图形元件，名称为"烛焰"，如图 6-2-1 所示。

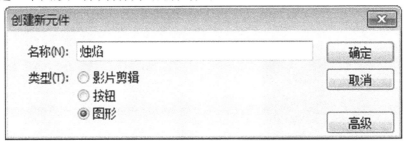

图 6-2-1

（3）使用椭圆工具绘制一个仅有边框无填充色的椭圆，并使用选择工具调整。如图 6-2-2 所示。

（4）将填充样式设为放射状。将渐变条上左边色标设置为白色，并拖动到偏右方以加大白色在整个渐变色中的比例，将右边色标设置为黄色。如图 6-2-3 所示。

（5）使用填充变形工具进行调整。如图 6-2-4 所示。

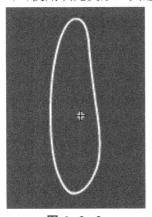  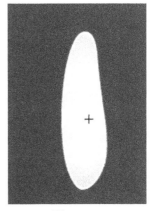

图 6-2-2　　　　　　　　图 6-2-3　　　　　　　　图 6-2-4

2. 绘制"烛身"元件

（1）新建一个图形元件，名称为"烛焰"。

（2）使用椭圆工具绘制一个仅有边框无填充色的椭圆，使用选择工具略加调整，并使用任意变形工具进行旋转。如图 6-2-5 所示。

（3）将填充样式设置为放射状。在渐变条上将左边色标设置为黄色（#F5DD38），并拖动到偏右方；将右边色标设置为红色（#F76648）。如图 6-2-6 所示。

图 6-2-5   图 6-2-6

（4）填充渐变色后，使用填充变形工具调整。如图 6-2-7 所示。

（5）在图 6-2-7 旁边画一个无边框的椭圆，颜色填充设置左边色标设置为#F76648，右边色标设置为#F5DD38。如图 6-2-8 所示。

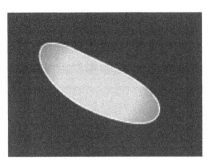

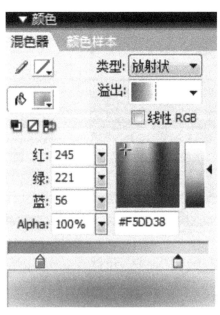

图 6-2-7   图 6-2-8

（6）用任意变形工具调整倾斜。如图 6-2-9 所示。

（7）使用选择工具将画好的椭圆拖放到烛身上。如图 6-2-10 所示。

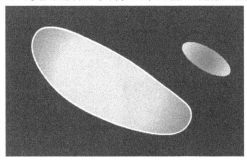

图 6-2-9

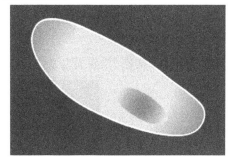

图 6-2-10

（8）选择刷子工具,选择合适刷子大小,填充色设为淡黄色,在烛身上添加高光,删除边框线条,完成烛身元件造型。如图 6-2-11 所示。

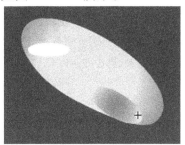

图 6-2-11

3. 组装"蜡烛"元件

（1）新建一个名字为"蜡烛"的图形元件,编辑元件并组合。如图 6-2-12 所示。

（2）保存、退出。

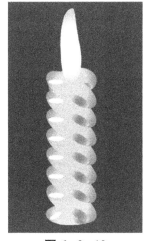

图 6-2-12

6.3 变色的按钮

1.新建 Flash 文档,设置背景颜色为黑色,如图 6-3-1 所示。

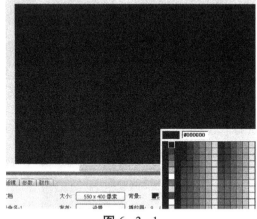

图 6-3-1

2.新建按钮元件,并命名为"圆环",如图 6-3-2 所示。

图 6-3-2

3.选择线条工具,在属性面板将线型设置为点状线条,大小为 15,线条颜色为白色,在指针经过帧绘制一个大小为 250 的正圆,并相对于舞台居中,如图 6-3-3 所示。

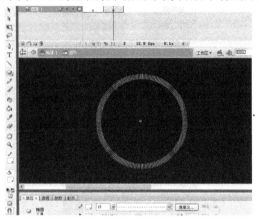

图 6-3-3

4.在按下帧插入关键帧,并把颜色修改为绿色,如图6-3-4所示。

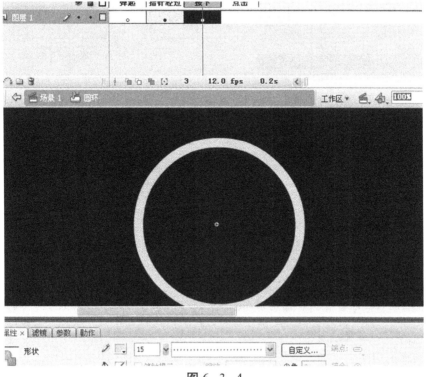

图6-3-4

5.新建按钮元件,并命名为"按钮",如图6-3-5所示。

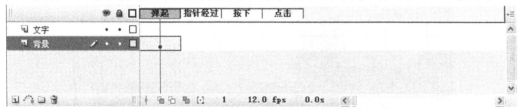

图6-3-5

6.在按钮元件中新建两个图层并分别命名为"背景"、"文字",如图6-3-6所示。

图6-3-6

7.在背景层绘制一个无线条填充白色的矩形,并设置矩形大小为 100 × 60 像素,如图 6-3-7 所示。

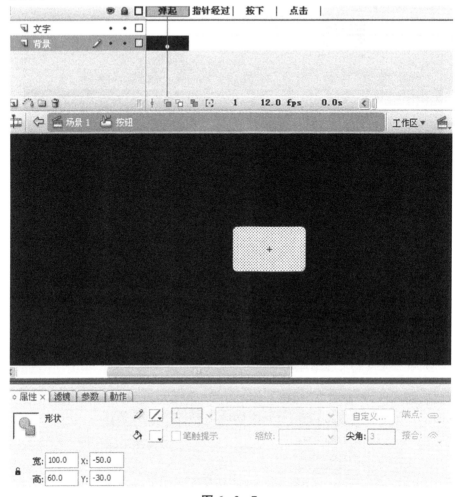

图 6-3-7

8.选中矩形,执行修改形状柔滑填充边缘,如图 6-3-8 所示。

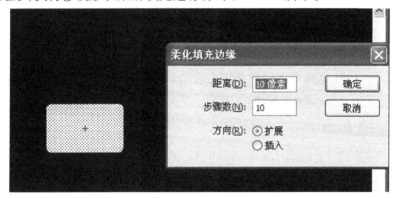

图 6-3-8

9.将矩形填充颜色修改为黄色,如图 6-3-9 所示。

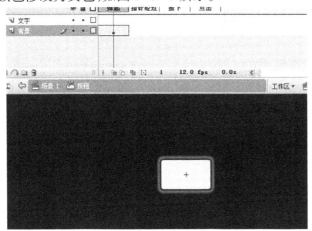

图 6-3-9

10.分别在指针经过帧,按下帧插入关键帧,并把指针经过修改为绿色,如图 6-3-10 所示。按下修改为红色,如图 6-3-11 所示。

图 6-3-10　　　　　　　　　　图 6-3-11

11.在文字层选择文本工具输入按钮,并将其相对于舞台居中然后把帧延长至点击帧,如图 6-3-12 所示。

图 6-3-12

12.回到场景,将按钮元件拖入舞台并居中,如图6-3-13所示。

13.在场景中新建图层2,并将圆环按钮元件拖入舞台中相对舞台居中,如图6-3-14所示。

图6-3-13　　　　　　　　　　　　　　　　图6-3-14

14.选中圆环,执行变形缩放90%并执行8次复制并应用变形,如图6-3-15所示。

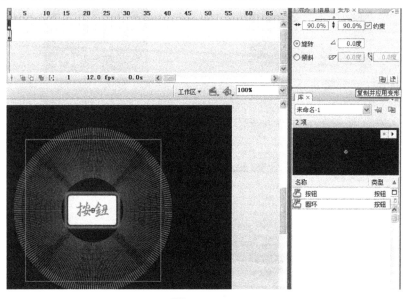

图6-3-15

15.导出并测试影片。

第7章　滤镜与时间轴特效

7.1　滤　镜

Flash 中新增的"滤镜"功能，可以让我们制作出许多以前只在 Photoshop 或 Fireworks 等软件中才能完成的效果，比如阴影、模糊、发光、斜角、渐变发光、渐变斜角和调整颜色等。有了这些特性，意味着以后制作文字和按钮效果就会出奇的方便了，可以无需在Flash里为了一个简单的效果进行多个对象的叠加，更没有必要去启动Photoshop之类的庞然大物了。

滤镜只对文本和元件有效。执行"窗口/属性/滤镜"命令，可以打开滤镜面板。Flash 默认状态下，滤镜面板和属性面板被绑定在一个面板组中，所以，可以直接单击该面板组中的"滤镜"标签，切换到滤镜面板。

1. 应用投影滤镜

投影滤镜包括的参数很多，效果类似于 Photoshop 中的投影效果。包括的参数有：模糊、强度、品质、颜色、角度、距离、挖空、内侧阴影和隐藏对象等，通过修改这些参数得到想要的效果。现在通过例子来了解各个参数带给组件的改变。

（1）首先将舞台背景设置成合适的颜色，并在舞台上输入一段文字，将文字大小、字体设置好，如图 7-1-1-1 所示。

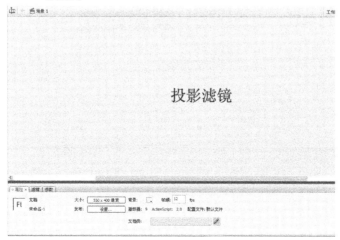

图 7-1-1-1

（2）让输入文字处于选中状态。

（3）选择滤镜面板，单击，打开滤镜菜单，单击"投影"，如图 7-1-1-2 所示。这样"投影滤镜"就被添加到下面的列表中，同时应用到文字，如图 7-1-1-3 所示。

图 7-1-1-2

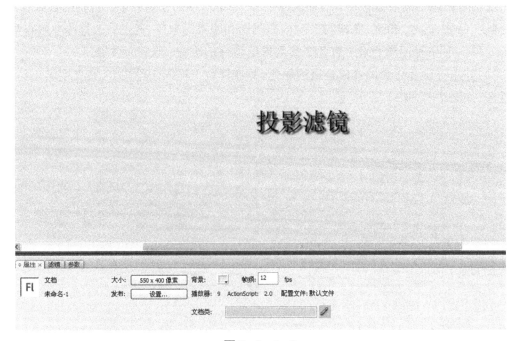

图 7-1-1-3

（4）单击"模糊x"右边的下拉箭头,弹出滑杆,通过拖动滑杆来调节投影的模糊程度。取值范围为0-100。默认情况下X轴和Y轴的设定是被锁定的,也就是说,改变X轴的数据,Y轴跟着作相应变化,反亦依然,如图7-1-1-4所示。也可以分别对X轴和Y轴两个方向进行设定,这时需要单击解除锁定,如图7-1-1-5所示。

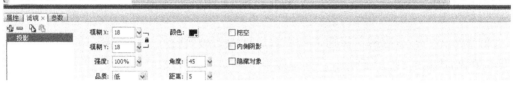

图 7-1-1-4

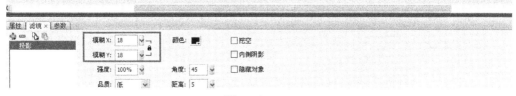

图 7-1-1-5

（5）同样，单击"强度"右边的下拉箭头，可以设定投影的强烈程度。取值范围为0%-100%，数值越大，投影的显示越清晰强烈。如图7-1-1-6所示。

图 7-1-1-6

（6）单击"品质"右边的下拉箭头可以设定投影的品质高低。可以选择"高"、"中"、"低"三项参数，品质越高，投影越清晰。具体效果可以动手调试一下。

（7）单击"颜色"按钮，可以打开调色板选择颜色来设定投影的颜色。

（8）单击"角度"右边的下拉箭头，通过拖动滑块在圆周内移动可以设定投影的角度，取值范围为0-360度，默认角度为45度。如图7-1-1-7所示。

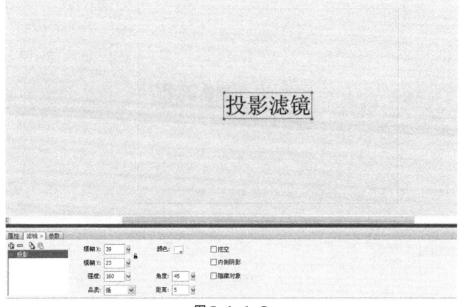

图 7-1-1-7

（9）单击"距离"右边的下拉箭头可以设定投影到文字的距离大小。取值范围为－32 到 32。具体效果可以动手调试一下。

（10）选中"挖空"复选框，将在把投影作为背景的基础上，挖空组件的显示，效果如图 7-1-1-8 所示。

图 7-1-1-8

2.创建倾斜投影滤镜

使用"投影"滤镜的"隐藏对象"选项，可以通过倾斜对象的阴影来创建更逼真的外观。要达到此效果，需要创建影片剪辑、按钮或文本对象的副本，然后使用"任意变形"工具倾斜对象副本，再对副本应用投影，具体步骤如下：

（1）在舞台上输入文本并选择文本对象。如图 7-1-2-1 所示。

图 7-1-2-1

（2）选择"编辑"/"直接复制"，创建源文本对象的副本，如图 7-1-2-2。选择对象副本，然后单击"修改"/"变形"/"旋转与倾斜"使其倾斜，如图 7-1-2-3 所示。

图 7-1-2-2

图 7-1-2-3

（3）选择文本对象的副本,对其添加"投影"滤镜,然后选中"隐藏对象"复选框。对象副本随即在视图中隐藏,只剩下倾斜的阴影。如图 7-1-2-4 所示。

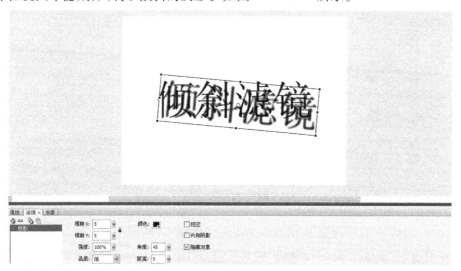

图 7-1-2-4

（4）如果对效果不是很满意,可以调整"投影"滤镜的各项参数设置和倾斜的角度,直到获得想要的外观为止。

3. 创建模糊滤镜

模糊滤镜可以光滑边缘太清晰或对比度太强烈的区域,还可以制作柔和阴影。其原理是减少像素间的差异,使明显的边缘或突出部分与背景更接近。下面结合实例来了解它的使用。

（1）选择"矩形"工具，将其边框设置成无，填充颜色设置成蓝色。在舞台底部画出一个矩形，如图7-1-3-1所示。

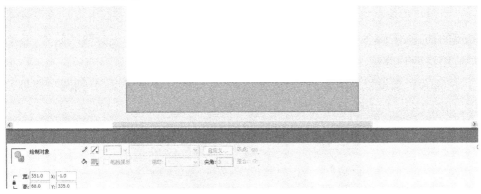

图7-1-3-1

（2）选择"椭圆"工具，将其边框设置成无，填充颜色设置成红色。在舞台的合适位置画出椭圆。

（3）现在对其应用滤镜。因为滤镜只能用在影片剪辑、文字和按钮，一般图形不能使用，所以首先要把它们转化成影片剪辑。选择矩形图形，单击右键，在弹出菜单中选择"转化为元件"，

（4）矩形转化成影片剪辑后就可以对其应用模糊滤镜了。让矩形处于选择状态，打开滤镜面板，单击，打开滤镜菜单，选择"模糊"。

（5）单击，解除X轴和Y轴的锁定，分别设置X和Y的模糊度。

（6）在椭圆处于选择状态的情况下，对其添加模糊滤镜，并设置其模糊度和模糊品质到合适的值，使图片看起来像海上的落日，如图7-1-3-2所示。

图7-1-3-2

（7）了解这些之后，可以利用模糊滤镜做出霓虹文字等效果，需要充分发挥想象。

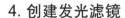

4. 创建发光滤镜

发光滤镜可控参数有模糊、强度、品质、颜色、挖空和内侧发光等,下面结合实例来熟悉发光滤镜的使用,了解各个参数的作用。为了区分模糊滤镜和发光滤镜的效果,我们将在例子中应用这两种滤镜。

(1)把舞台背景设置成黑色,选择椭圆工具,将边框颜色设成无,分别画出黄色和红色两个圆,如图 7-1-4-1 所示。

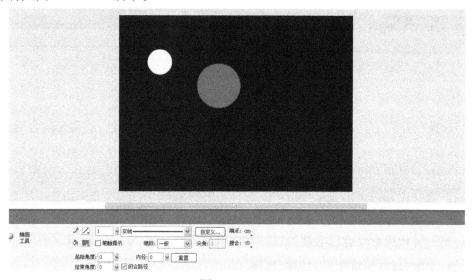

图 7-1-4-1

(2)把两个圆转换成影片剪辑,选择黄色圆,对其添加模糊滤镜,调整相应参数使它看上去像朦胧的月亮,如图 7-1-4-2 所示。

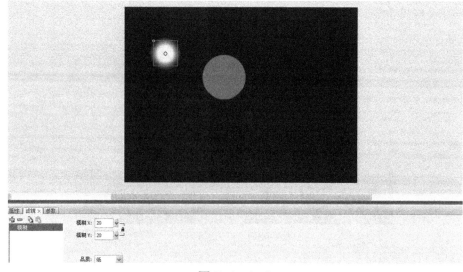

图 7-1-4-2

（3）选择红色圆,对其添加发光滤镜。

（4）调整发光的模糊度,可分别对 X 轴和 Y 轴两个方向进行设定,取值范围为 0−100。如果单击 X 和 Y 后的锁定按钮,可以解除 X、Y 方向的比例锁定,再次单击可以锁定比例。如图 7−1−4−3 所示。

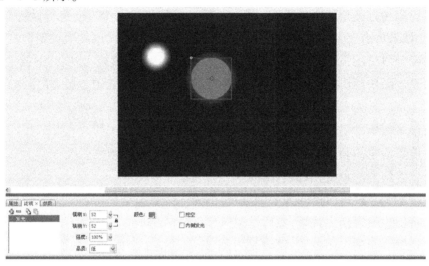

图 7−1−4−3

（5）调整发光的强度。取值范围为 0%−100%,数值越大,发光的显示越清晰强烈。调整时为了得到更好的效果需要再配合模糊度进行调整,直到达到合适的效果,如图 7−1−4−4 所示。

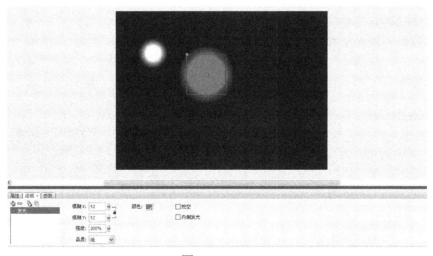

图 7−1−4−4

（6）设定发光的品质高低。可以选择"高""中""低"三项参数,品质越高,发光越清晰。

从做出的效果可以看出,模糊滤镜的效果是使边缘柔和一些,而发光滤镜是使物体边缘看上去通透光亮。

5. 应用斜角滤镜

应用斜角就是向对象应用加亮效果,使其看起来凸出于背景表面,可以制作出立体的浮雕效果,它的控制参数主要有模糊、强度、品质、阴影、加亮、角度、距离、挖空和类型等。

模糊:可以指定斜角的模糊程度,可分别对 X 轴和 Y 轴两个方向进行设定,取值范围为 0—100。如果单击 X 和 Y 后的锁定按钮,可以解除 X、Y 方向的比例锁定。

强度:设定斜角的强烈程度。取值范围为 0%—100%,数值越大,斜角的效果越明显。

品质:设定斜角倾斜的品质高低。可以选择"高""中""低"三项参数,品质越高,斜角效果越明显。

阴影:设置斜角的阴影颜色。可以在调色板中选择颜色。

加亮:设置斜角的高光加亮颜色,也可以在调色板中选择颜色。

角度:设置斜角的角度,取值范围为 0—360 度。

距离:设置斜角距离对象的大小,取值范围为 -32 至 32。

挖空:将斜角效果作为背景,然后挖空对象部分的显示。

类型:设置斜角的应用位置,可以是内侧、外侧和整个。如果选择整个,则在内侧和外侧同时应用斜角效果。

6. 应用渐变发光滤镜

渐变发光滤镜的效果和发光滤镜的效果基本一样,只是我们可以调节发光的颜色为渐变颜色,还可以设置角度、距离和类型,也可以产生挖空的效果。

具体操作如下:

(1)在舞台上输入文本,并对其添加"渐变发光"滤镜。由于"渐变发光"和"发光"滤镜的主要区别在发光的颜色,为了更清楚地看到效果,我们应用"挖空",把其他参数调整到合适的值,如图 7-1-6-1 所示。

图 7-1-6-1

（2）单击图7-1-6-1所示的渐变色条是我们控制渐变颜色的工具,默认情况下为白色到黑色的渐变色。将鼠标指针移动到色条上,如果出现了带加号的鼠标指针,则表示可以在此处增加新的颜色控制点。如图7-1-6-2所示。

图7-1-6-2

如果要删除颜色控制点,只需拖动它到相邻的一个控制点上,当两个点重合时,就会删除被拖动的控制点。

（3）单击控制点上的颜色块,会弹出系统调色板让我们选择一个开始颜色。

（4）单击渐变颜色,选择工具右边的下拉箭头,选择一个结束颜色。

7. 应用渐变斜角滤镜

使用渐变斜角滤镜同样也可以制作出比较逼真的立体浮雕效果,它的控制参数和斜角滤镜的相似,所不同的是它更能精确控制斜角的渐变颜色。

渐变斜角要求渐变的中间有一个颜色,所以在渐变色条中初始时有三个颜色控制点。

要更改渐变中的颜色,请从渐变定义栏下面选择一个颜色控制点,单击,显示系统调色板。滑动这些控制点,可以调整该颜色在渐变中的位置。这里同样也可以增加新的颜色控制点。

8. 应用调整颜色滤镜

通过"调整颜色"滤镜可以调整影片剪辑、文字或按钮进行颜色调整,比如亮度、对比度、饱和度和色相等。

拖动要调整的颜色属性的滑块,或者在相应的文本框中输入数值。

对比度调整使图像中亮部更亮,暗部更暗,能够让图像线条清晰,主体更加突出。数值范围为-100至100。

亮度调整可使图像颜色更加鲜明。数值范围为-100至100。

色相和饱和度这两项主要用来改变图像的颜色,你可以通过调整色相把图片改变成其他的颜色,也可以调整饱和度来确定图像颜色的鲜艳程度,如果饱和度过低,则图片产生褪色。饱和度的数值范围为-100至100,色相的数值范围为-180至180。

单击"重置"按钮,可以把所有的颜色调整重置为0,使对象恢复原来的状态。

7.2 时间轴特效

使用 Flash 包含预建的时间轴特效，可以通过执行最少的步骤来创建复杂的动画。时间轴特效可以应用于文本、图形（包括形状组合体以及图形元件）、位图图像和按钮元件等。此外当时间轴特效用于影片剪辑时，Flash 把特效嵌套在影片剪辑中。

1.添加时间轴特效

当您向对象添加时间轴特效时，Flash 将创建一个图层并将对象移至此新图层。对象放置于特效图形内，而且特效所需的所有补间和变形都位于此新创建的图层上的图形中。

此新图层自动获得与特效相同的名称，而且其后会附加一个数字，代表在文档内的所有特效中应用此特效的顺序。

当您添加时间轴特效时，具有该特效名称的文件夹将添加到库，它包含在创建该特效中所使用的元素。

向对象添加特效，执行以下操作：

（1）选择要添加时间轴特效的对象（这里我们以文字为例）。

（2）执行"插入"/"时间轴特效"菜单命令，然后从子菜单中选择"效果"选项，并从中选择"模糊"特效。

（3）此时将打开"模糊"对话框，利用预览窗口查看基于默认设置的模糊效果，如图 7-2-1-1 所示。

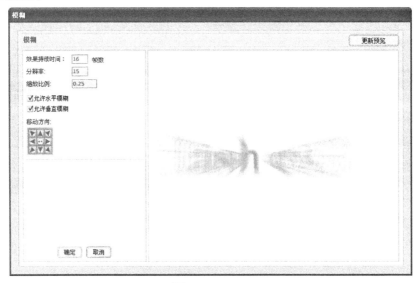

图 7-2-1-1

2.设置时间轴特效

Flash CS3 中时间轴特效为"变形/转换"、"帮助"和"效果"3 类,共有 8 种特效。每种特效都以一种特定的方式处理图像或元件,通过改变参数获得所需要的特效。

下面分别介绍各种特效的功能及参数设置:

（1）变形

功能:使用"变形"特效,可应用单一特效或特效组合,从而产生淡入/淡出,放大/缩小以及左旋/右旋特效。

参数设置:

"效果持续时间":在该数值输入框中输入一定的数值,即可设置特效持续时间。

"移动位置":在该下拉菜单中选择"更改位置方式"或"移动位置"选项,可以设置对象的移动方式。在后面输入 X、Y 轴的坐标,可以设置对象移动的目的坐标。

"缩放比例":在该数值输入框中输入数值,可以设置放大或缩小对象。单击 🔒 按钮,使其边框为绿色,则可以分别输入对宽度和高度的缩放比例,否则同时更改宽度和高度的缩放比例。

"旋转":在此可以设置旋转的角度及次数。单击 ↺ 按钮则设置旋转方向为逆时针,单击 ↻ 则设置旋转方向为顺时针。

"更改颜色":选中该选项,则可以在"最终颜色"后面的颜色选择表中选择一种颜色,作为对象在特效运行完毕时对象所具有的颜色。

"最终的 Alpha":在该数值输入框输入一个数值,即可设置对象的不透明度属性。

"移动减慢":可以在该数值输入框中输入一个数值,也可以拖动下面的滑块。向左侧拖动滑块则在动画开始播放时减慢, 即由慢至快;向右侧拖动滑块则在动画结束时减慢,即由快到慢。

（2）转换

功能:可使用淡化、擦除或两种特效的组合向内擦除或向外擦除选定对象。用户可设置特效方式、方向及运动简易值。

参数设置:

"效果持续时间":在该数值输入框中输入一定的数值,即可设置特效持续的时间。

"方向":选择"入"选项,则可以创建淡入效果,即对象从无到有地显示出来;选择"出"选项则可以创建淡出效果,即对象从有到无地消失。

"淡化":选中该选项后,结合方向中的"入"和"出"选项,即可创建淡入或淡出效果。

"涂抹":选中该选项,并在右侧的方框中选择相应的方向,即可控制对象从左至右、从上到下、从右至左或从下至上的显示方式。

"移动减慢":可以在该数值输入框中输入一个数值,也可以拖动下面的滑块。向左侧拖动滑块则减慢动画的播放速度,反之则加快动画的播放速度。

（3）分离

功能：使用该特效可产生对象发生爆炸的错觉。使文本或复杂对象组（元件、形状或视频片断）的元素裂开、自旋和向外弯曲。

参数设置：

"分离方向"：在下面的方框中选择相应的按钮，可以控制对象从右下到左上、从下到上、从左下到右上、从上到下和从右上到左下的显示方式。

"弧线大小"：分别在下面的 X、Y 数值输入框中输入一个数值，可以设置对象向外飞散时的弧度。

"碎片旋转量"：在该数值输入框中输入一个数值，可以设置被分离的碎片在飞散时旋转的角度。

"碎片大小更改量"：分别在下面的 X、Y 数值输入框中输入一个数值，可以设置碎片飞散时其大小的改变量。

（4）投影

功能：使用该特效可在选定对象下方创建阴影。用户可设置阴影的颜色、Alpha 透明度值及偏移量。

参数设置：

"颜色"：单击后面的颜色块，在弹出的颜色选择表中选择一种颜色，即可改变阴影的颜色。

"Alpha 透明度"：在该对话框中输入一个数值，或拖动下面的滑块，即可设置阴影的不透明度属性。

"阴影偏移"：在后面的 X、Y 数值输入框中输入一个数值可以控制阴影偏离原对象的距离。

（5）展开

功能：可在一段时间内缩小或者放大对象。对组合在一起或在影片剪辑或图形元件中组合的两个或多个对象，以及包含文本或字母的对象使用此特效，得到的效果最好。

参数设置：

"展开"：选择该选项，对象则按照从小到大的方法变形。

"压缩"：选择该选项，对象则按照从大到小的方法变形。

"两者皆是"：选择该选项，对象则先从小到大变形，再从大到小变形，并按照这样的方法循环下去。

"移动方向"：在下面的方框中，可以设置对象的移动方式为从右向左，由中心向两侧及从左向右 3 种方式。

"组中心转换方式"：分别在 X、Y 数值输入框中输入数值，以确定对象运动的中心点。

"碎片偏移"：在该数值输入框中输入数值，可以设置对象位置移动的数量。

"高度"、"宽度"：分别在这 2 个数值输入框中输入数值，可以设置对象的高度和宽度大小。

（6）模糊

功能：通过更改对象在一段时间内的 Alpha 透明度值、位置或缩放比例来产生运动模糊特效。

参数设置：

"分辨率"：在该数值输入框中输入数值，可以设置模糊过程中副本对象的数量。数值越大，则副本对象越多，所占的系统资源也就越多。

"缩放比例"：在该数值输入框中输入数值，可以设置副本对象相对于原对象的缩放比例。需要注意的是，该数值输入框中，1 代表 100%，1.25 即代表 125%，依此类推。

"允许水平/垂直模糊"：这 2 个选项用来设置是否在水平或垂直方向上模糊对象。

"移动方向"：在下面的方框中，可以设置对象的模糊方向为从右下到左上、从下到上、从左下到右上、从右上到左下、从上到下、从左上到右下、从右向左、从中心向周围等 10 种模糊方式。

（7）分散式重制

功能：可按指定次数复制选定对象。第 1 个元素是原始对象的副本。对象将按一定增量发生改变，直至最终对象反映设置中输入的参数为止。

参数设置：

"副本数量"：在此输入一个数值可以设置生成副本对象的数量。

"偏移距离"：在 X、Y 数值输入框中输入数值，即可设置副本对象与原对象之间的水平和垂直方向上的距离。

"偏移旋转"：在该数值输入框中输入一个角度数值，即可设置副本对象旋转角度。

"偏移起始帧"：在该数值输入框中输入一个数值，即可设置每个副本对象在播放时中间的间隔。

"缩放方式"：选择"指数缩放比例"选项，则按照所输入的数值进行指数缩放；选择"线性缩放比例"选项，则按照所输入的数值进行线性缩放。

"缩放比例"、"更改颜色"及"最终的 Alpha 选项与"变形"对话框中的意义相同，这里不再重复。

（8）复制到网格

功能：按指定的列数复制选定对象，然后乘以指定的行数，以便创建元素的网格。

参数设置：

"网络尺寸"：在"行数"数值输入框中输入一个数值，可以设置在一行中有多少个对象；在"列数"数值输入框中输入一个数值，可以设置在一列中有多少个对象。

"网格间距"：在"行数"数值输入框中输入一个数值，可以设置每行对象之间的间距；在"列数"数值输入框中输入一个数值，可以设置线列对象之间的间距。

3.编辑和删除时间轴特效

编辑时间轴特效

为对象添加了时间轴特效后,还可以编辑时间轴特效,更改其设置,操作如下:

(1)在舞台上选择已用了时间轴特效的对象。

(2)选择"修改"/"时间轴特效"/"编辑特效"菜单,或单击属性面板中的"编辑"按钮,也可以右击对象,从弹出的快捷菜单中选择"时间轴特效""编辑特效"命令。

(3)此时将打开所用特效的对话框,便可根据所需特效来编辑设置,然后单击"确定"按钮。

删除时间轴特效

要删除时间轴特效,可在舞台上选中要删除时间轴特效的对象后,选择"修改"/"时间轴特效"/"删除特效"菜单。或右键点击要删除时间轴特效的对象,然后从弹出的快捷菜单中选择"时间轴特效"/"删除特效"命令。

第8章 引导路径动画

在前面几节里，我们已经给大家介绍了一些动画效果，这些动画的运动轨迹都是直线的。可是在生活中，有很多运动路径是弧线或不规则的，如月亮围绕地球旋转、鱼儿在大海里遨游等，在 Flash 中能不能做出这种效果呢？

答案是肯定的，这就是"引导路径动画"。将一个或多个层链接到一个运动引导层，使一个或多个对象沿同一条路径运动的动画形式被称为"引导路径动画"。这种动画可以使一个或多个元件完成曲线或不规则运动。

8.1 制作引导路径动画的方法

一个最基本的"引导路径动画"由两个图层组成，上面一层是"引导层"，它的图层图标为 ⌒ 引导层：… ，下面一层是"被引导层"，图标为 图层 1 ，同普通图层一样。

下面通过制作一个轮船沿圆周行驶的动画，讲解制作引导路径的方法。

1. 新建一个 Flash CS3 影片文档，设置舞台背景色为蓝色，其他保持默认。

2. 选择"文本工具"。在"属性"面板中，设置字体为 Webdings，字体大小为 96，文本颜色为白色。

3. 在舞台上单击，然后按 O 键，这样舞台上就出现一个轮船符号，如图 8-1-1 所示。

图 8-1-1

4. 在"图层 1"的第 50 帧按 F6 键插入一个关键帧，将轮船移动到其他位置。

5. 选择第 1 帧，在"属性"面板的"补间"下拉列表中选择"动画"。这样就定义从第 1 帧到第 50 帧的补间动画。这时的动画效果是轮船直线行驶。

6. 选择"图层 1",单击"添加运动引导层"按钮,这样"图层 1"上面就出现一个引导层,并且"图层 1"自动缩进,如图 8-1-2 所示。

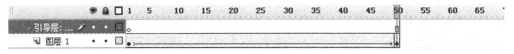

图 8-1-2

7. 选择"椭圆工具",设置"笔触颜色"为黑色,"填充色"为无。在舞台上绘制一个大椭圆。

8. 选择"橡皮擦工具",在选项中选择一个小一些的橡皮擦形状。将舞台上的圆擦一个小缺口,如图 8-1-3 所示。

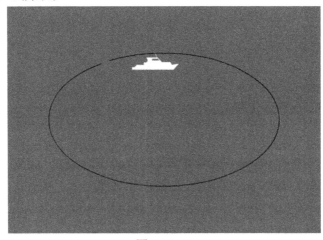

图 8-1-3

9. 切换到"选择工具"。确认"紧贴至对象"按钮处于被按下状态。选择第 1 帧上的轮船,拖动它到圆缺口右端点,如图 8-1-4 所示。注意在拖动过程中,当轮船快接近端点时,会自动吸附到上面。

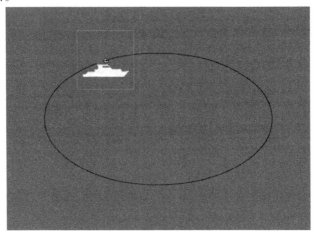

图 8-1-4

10. 按照同样的方法,选择第 50 帧上的轮船,拖动它到圆缺口左端点。

11. 现在按下 Enter 键,可以观察到轮船沿着圆周在行驶,但是轮船的航行姿态不符合实际情况,下面我们进行改进。

12. 选择第 1 帧,在"属性"面板中选择"调整到路径"复选框。

13. 测试影片,可以观察到轮船姿态优美地沿着圆周行驶。

8.2 实战范例——纸飞机

引导路径动画在 Flash 动画创作中有非常广泛的应用。因为其动画的灵魂在于"动",而"动"的自由性和便利性将对效果有极大的影响,引导路径动画正是实现了这一点,所以能够制作出效果多变的动画作品来。

制作步骤:

1. 创建 Flash 文档。

2. 在工具箱中选择"线条工具",在舞台上绘制一架纸飞机,如图 8-2-1。

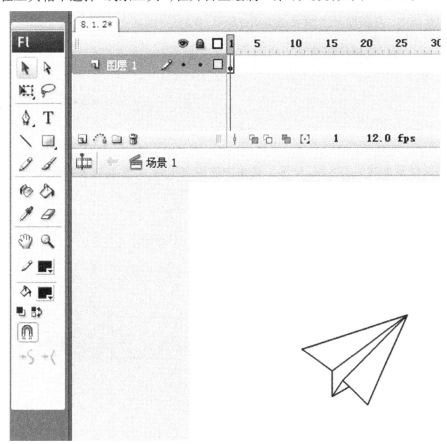

图 8-2-1

使用工具箱中的"颜料桶工具"为纸飞机填充上颜色,然后用"选择工具"选中纸飞机的边框线,按键盘上的 Delete 键进行删除,如图 8-2-2。

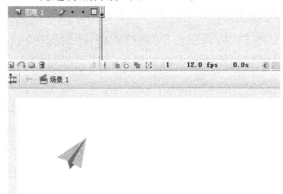

图 8-2-2

3. 用"选择工具"框选中整个飞机,在被选中的纸飞机上单击右键,选择右键菜单中的"转换成元件…",类型选择"图形",名称默认为元件 1,单击确定。

4. 在图层 1 的第 30 帧处单击右键插入关键帧。在时间轴上单击"添加运动引导层"按钮,在图层 1 的上方添加一个引导层,如图 8-2-3。

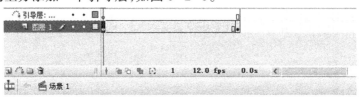

图 8-2-3

5. 用鼠标单击选中引导层,单击工具箱中的铅笔工具,并在其选项中选择"平滑",在舞台上绘制一条平滑的曲线作为纸飞机的飞行路径,如图 8-2-4。

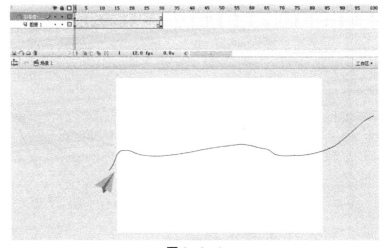

图 8-2-4

6. 用鼠标单击图层1的第1帧,用工具箱中的"选择工具"将纸飞机(元件1)移至曲线的起始端,如图8-2-5。(注意在移动时在元件的中央会出现一个空心的小圆,一定要将空心小圆与曲线的起始端相重合。)然后用鼠标单击图层1的第30帧,将纸飞机用同样的方法移至曲线的终止端,然后在图层1的第1帧到第30帧任意一帧上单击右键创建补间动画,如图8-2-6。按Enter可以在场景中看到动画效果。

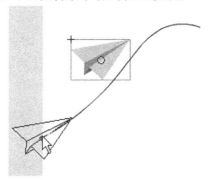

图8-2-5

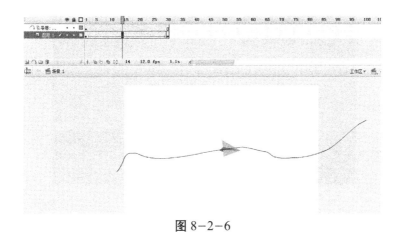

图8-2-6

7. 为了使动画更加逼真。我们可以选中图层1的第30帧,用工具箱中的"任意变形工具"旋转元件,调整纸飞机的角度。如图8-2-7。

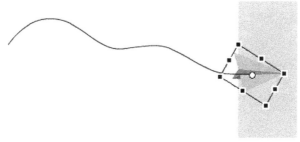

图8-2-7

8. 选择"文件"菜单下的保存命令,将文件保存。按Ctrl+Enter进行影片测试。

8.3　实战范例——小球沿轨迹运动

本例旨在复习巩固刚刚学过的引导路径动画基础知识，通过引导图层中的路径来引导运动动画，制作小球沿轨迹运动的路径动画。

制作步骤：

1. 启用 Flash CS 3 软件，新建 Flash 文档，场景设置除将背景色修改为黑色外，其他保持默认。

2. 将场景 1 的图层 1 更名为"轨道"，选择椭圆工具，绘制无填充色，笔触色为白色的椭圆，并通过对齐面板，使其水平中齐和垂直中齐，如图 8-3-1 所示。

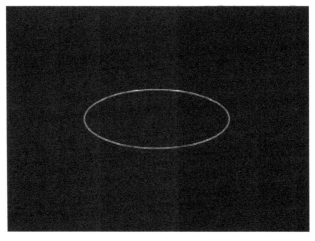

图 8-3-1

3. 新插入三个图层，并分别将图层更名为"球 1"、"球 2"和"球 3"，如图 8-3-2 所示。

4. 依次选中各个球图层，分别点选按钮，插入三个引导图层，如图 8-3-3 示。

图 8-3-2

图 8-3-3

5. 将"背景"图层的椭圆分别复制、粘贴到各个引导图层中。复制方法：选中"背景"图层的椭圆，右键"复制"，依次选中"引导层：球 1"、"引导层：球 2"和"引导层：球 3"，点右键"粘贴到当前位置"。

6. 选中"引导层：球 2"第 1 帧的椭圆，打开"窗口→变形"面板，做图 8-3-4 所示设置后，按回车键，得到如图 8-3-5 所示状。

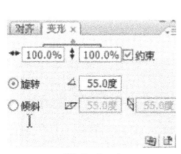

图 8-3-4　　　　　　　　　　　　　图 8-3-5

7. 选中"引导层：球 3"的第 1 帧的椭圆，做如图 8-3-6 所示设置后，按回车键，得到如图 8-3-7 所示状。

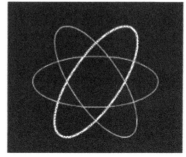

图 8-3-6　　　　　　　　　　　　　图 8-3-7

8. 分别将"引导层：球 2"和"引导层：球 3"的椭圆复制、粘贴到"背景"图层，粘贴方法同步骤 5 所述。

9. 可分别将三个引导层的椭圆的笔触色更改为红、蓝、绿，如图 8-3-8 所示。

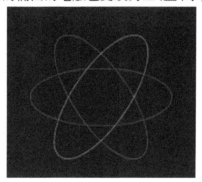

图 8-3-8

10. 将各个引导层和背景层延长到 50 帧,并锁定这些图层。

11. 选中"球 1"图层的第 1 帧,选择椭圆工具,禁用笔触色,填充色选择拾色器中的放射状红色,再打开窗口中的颜色面板,做如图 8-3-9 所示设置,绘制宽、高为 30 × 30 像素的正圆,并用渐变变形工具,将该圆调整至如图 8-3-10 所示状。

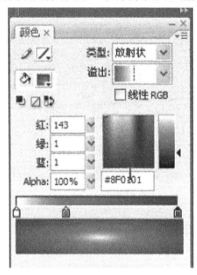

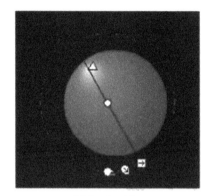

图 8-3-9   图 8-3-10

12. 右键点击该圆,将其转换为名为"球 1"的图形元件。

13. 打开库面板,选中"球 1"元件的图标,点右键直接复制,名称更改为"球 2",再依此法,直接复制出"球 3"。

14. 双击库中的"球 2"图标,进入其编辑区,颜色面板中做如图 8-3-11 所示 的修改,得到如图 8-3-12 所示状。

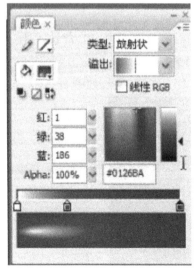

图 8-3-11   图 8-3-12

15. 再依此法,将"球 3"填充色更改为绿色渐变色。

16. 返回主场景,将各个引导层解锁,用橡皮擦工具,依次将各个引导层的椭圆擦开一个豁口,如图 8-3-13 所示:

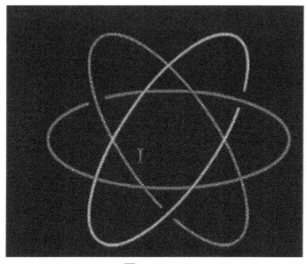

图 8-3-13

17. 锁定各个引导层,隐藏"引导层:球 2"和"引导层:球 3",在"球 1"图层的第 1 帧,激活"贴紧至对象"按钮,将图形元件"球 1"的中心点置于引导线的右端,如图 8-3-14 所示。

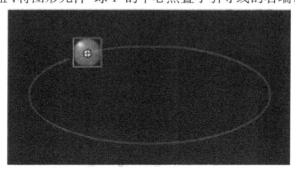

图 8-3-14

18. 在球 1 图层的第 50 帧插入关键帧,将"球 1"中心点置于引导线的另一端,如图 8-3-15 所示,并创建第 1 帧到第 50 帧的补间动画。

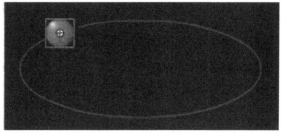

图 8-3-15

19. 锁定"球 1"图层,并隐藏该图层和"引导层:球 1"图层。显示"引导层:球 2",选中"球 2"图层第 1 帧,从库中拖入图形元件"球 2",将该元件的中心点置于引导线的上端。在第 50 帧插入关键帧,将"球 2"中心点置于引导线的另一端,并创建第 1 帧到第 50 帧的补间动画。

20. 锁定"球 2"图层,并隐藏该图层和"引导层:球 2"图层。显示"引导层:球 3",选中"球 3"图层第 1 帧,从库中拖入图形元件"球 3",将该元件的中心点置于引导线的上端,在第 50 帧插入关键帧,将"球 3"中心点置于引导线的另一端,并创建第 1 帧到第 50 帧的补间动画。

21. 完成后的图层如图 8-3-16 所示。

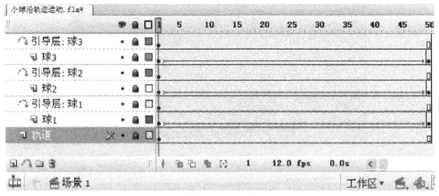

图 8-3-16

22. 将"轨道"图层解锁,隐藏其余各个图层,选中轨道图层中的图形,属性中将笔触高修改为 4,右键点击该图形,将其转换为影片剪辑元件,打开滤镜面板,做如图 8-3-17 所示的设置。

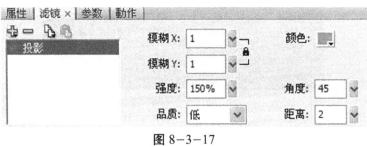

图 8-3-17

23. 再做如图 8-3-18 所示设置。

图 8-3-18

24. 完成后效果如图 8-3-19 所示。

图 8-3-19

第9章　遮罩动画

遮罩动画的原理是,在舞台前增加一个类似于电影镜头的对象。这个对象不仅仅局限于圆形,可以是任意形状。将来导出的影片,只显示电影镜头"拍摄"出来的对象,其他不在电影镜头区域内的舞台对象不再显示。

遮罩效果的获得一般需要两个图层,这两个图层是被遮罩的图层和指定遮罩区域的遮罩图层。实际上,遮罩图层是可以应用于多个图层的。

遮罩图层和被遮罩图层只有在锁定状态下,才能够在工作区中显示出遮罩效果。解除锁定后的图层在工作区中是看不到遮罩效果的。

9.1　遮罩动画的制作方法

1. 新建一个 Flash CS3 影片文档,保持文档属性的默认设置。

2. 导入一个外部图像(草原 .jpg)到舞台上。

3. 新建一个图层,在这个图层上用"椭圆工具"绘制一个五角星(无边框,任意色)。我们计划将这个圆当作遮罩动画中的电影镜头对象来用。

现在,影片有两个图层,"图层 1"上放置的是导入的图像,"图层 2"上放置的是五角星(计划用做电影镜头对象),如图 9-1-1 所示。

图 9-1-1

4. 下面来定义遮罩动画效果。右击"图层 2",在弹出的快捷菜单中选择"遮罩层"命令。图层结构发生了变化,如图 9-1-2 所示。

图 9-1-2

5. 我们注意观察一下图层和舞台的变化。

"图层 1":图层的图标改变了,从普通图层变成了被遮罩层(被拍摄图层),并且图层缩进,图层被自动加锁。

"图层 2":图层的图标改变了,从普通图层变成了遮罩层(放置拍摄镜头的图层),并且图层被加锁。

舞台显示也发生了变化。只显示电影镜头"拍摄"出来的对象,其他不在电影镜头区域内的舞台对象都没有显示,如图 9-1-3 所示。

图 9-1-3

6. 按下 Ctrl+Enter 键测试影片,观察动画效果。可以看到只显示了电影镜头区域内的图像。

7. 下面我们改变一下镜头的形状。在"图层 1"的第 15 帧按 F5 键添加一个普通帧。将"图层 2"解锁。在"图层 2"的第 15 帧按 F6 键添加一个关键帧,将"图层 2"的第 15 帧上的五角星放大尺寸。定义从第 1 帧到第 15 帧的补间形状,图层结构如图 9-1-4 所示。

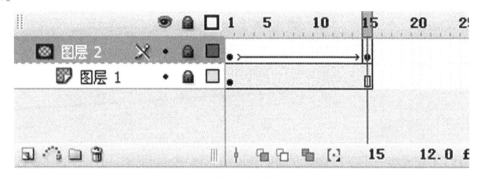

图 9-1-4

8. 按下 Ctrl+Enter 键测试影片,观察动画效果。可以看到只显示了电影镜头区域内的图像,并且随着电影镜头(五角星)的逐渐变大,显示出来的图像区域也越来越多。

9. 下面我们改变一下镜头的位置。将"图层 1"上的圆放置在舞台左侧,将"图层 2"的第 15 帧上的圆的大小恢复到原来的尺寸,并放置在舞台的右侧。

10. 按下 Ctrl+Enter 键测试影片,观察动画效果。可以看到随着电影镜头的位置移动,显示出来的图像内容也在发生变化,好像一个探照灯的效果。

从上面的操作可以得出这样的结论,在遮罩动画中,可以定义遮罩层中电影镜头对象的变化(尺寸变化动画、位置变化动画、形状变化动画等),最终显示的遮罩动画效果也会随着电影镜头的变化而变化。

其实除了可以设计遮罩层中的电影镜头对象变化外,还可以让被遮罩层中的对象进行变化,甚至可以是遮罩层和被遮罩层同时变化。这样可以设计出更加丰富多彩的遮罩动画效果。

9.2　利用遮罩动画实现电影镜头效果

在制作 Flash MTV 或者 Flash 动画短片时,需要很多电影镜头效果。比如推/拉镜头效果、移动镜头效果、升/降镜头效果等。

下面通过实际操作讲解一下利用遮罩动画模拟电影镜头效果的制作方法。

1. 新建一个 Flash CS3 影片文档,保持文档属性的默认设置。

2. 导入一个外部图像(草原 .jpg)到舞台上。用"任意变形工具"将这个图片压扁拉长,并让图片左端对齐舞台左端,效果如图 9-2-1 所示。

图 9-2-1

3. 在第 40 帧插入一个关键帧,并将第 40 帧上的图片向左移动,使图片的右端对齐舞台右端。

4. 选择第 1 帧,定义补间动画。

5. 新建一个图层,在这个图层上用"矩形工具"绘制一个矩形(无边框,任意色)。这个矩形的宽和舞台的宽一样,高和草原图片的高一样。

6. 右击"图层 2",在弹出的快捷菜单中选择"遮罩层"命令,这样我们就定义了一个遮罩动画。"图层 2"上是一个矩形的拍摄镜头对象,保持静止不动。"图层 1"上是草原图片,它在做一个从右向左的移动动画。

7. 按下 Ctrl+Enter 键测试影片,观察动画效果。可以看到一个从左向右拍摄草原的电影镜头效果。之所以有这种效果是因为相对运动的错觉,"图层 2"上的矩形拍摄镜头并没有动,只是"图层 1"上的夜景图片在动。而我们最终看起来,好像是电影镜头在移动一样。从这里就可以体会到遮罩动画的奇妙效果。

8. 我们接着制作一个推镜头的效果。先将"图层 1"解锁,将"图层 2"隐藏。这样便于对"图层 1"上的图片进行操作。

9. 选择"图层 1"的第 70 帧,按 F6 键插入一个关键帧。选择第 70 帧上的图片,打开"变形"面板,设置宽和高同时放大到 300%。

10. 选择"图层 1"的第 40 帧,定义补间动画。选择"图层 2"的第 70 帧,按 F5 键添加帧。

11. 按下 Ctrl+Enter 键测试影片,观察动画效果。可以看到电影镜头从左向右拍摄草原后,推镜头得到一个草原的近景效果。

9.3　旋转彩环的制作

1.启动 Flash CS3 软件。

2.确立文档属性:设置动画尺寸为 400 × 400 像素,背景颜色为黑色,帧频 36,其他默认,点击"确定",进入场景 1 工作区,如图 9-3-1 所示。

图 9-3-1

3.创建影片剪辑:选择"插入—新建元件",建立一个名为"彩圆"的影片剪辑,点击确定,进入元件编辑区。添加一个图层,共两个图层。

(1)选择上层图层 2 第 1 帧,用椭圆形工具在舞台拖一个规格为 220 × 220 像素,白色的、无边框的圆,全居中。然后在其旁边再拖一个规格为 200 × 200 像素的、黄色的无边框的圆,点击"修改—组合",全居中。再选中黄色的圆,点击"修改—分离",将其打散,删除该实例,留下白色的圆圈,如图 9-3-2 所示。在第 80 帧插入帧,上锁。

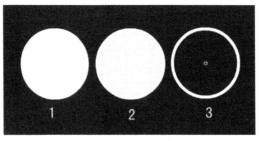

图 9-3-2

(2)选择下层图层 1 第 1 帧,用矩形工具打开混色器,设置其参数,如图 9-3-3 所示。在工作区舞台拖一个规格为 222 × 222 像素的,无边框的线性多彩矩形,全居中。在第 80 帧插入关键帧,点击第 1 帧,创建本区域间的补间动画,并逆时针旋转 1 次。

图 9-3-3

（3）右键点击上层图层1命名处，将其设置为遮罩层。

4.组织编辑场景：返回场景，添加一个图层，共两个图层。自下而上分别命名为彩圆1、彩圆2。

（1）选择彩圆1图层第1帧，从库中拖出彩圆影片剪辑元件到舞台，用任意变形工具选中该实例调整其规格为220×110像素，全居中。选中该实例，同时按住 Ctrl + Shift 键（或右键点击该实例，复制）复制一个同样的实例，选择"修改—变形—逆时针旋转90度"，全居中。选中彩圆1图层所有实例，右键点击该实例，将其转换为影片剪辑。名称为"彩圆2"，上锁。

（2）选择彩圆2图层第1帧，从库中拖出彩圆2影片剪辑到舞台，选中该实例，点击"修改—变形—水平翻转"，全居中。然后用任意变形工具将该实例逆时针旋转45度，上锁。

9.4　红旗随风飘扬的制作

目的：通过教学了解和掌握混色器、遮罩的设置调用，动画补间添加关键帧对实例正确定位，并运用上述原理进而制作出红旗随风飘扬的动画效果。

要点：混色器、遮罩。

制作步骤：

1.启动 Flash CS3 软件。

2.确立文档属性：设置动画尺寸为550×400像素，其他默认，点击"确定"，进入场景1工作区，如图9-4-1所示。

图 9-4-1

3.创建图形元件。

选择"插入—新建元件",创建一个名为"旗面"的图形元件,点击"确定",进入元件编辑区。就一个图层。选择图层1第一帧,用矩形工具,打开混色器,设置其参数,如图9-4-2所示。

图 9-4-2

在舞台拖一个规格为 300 × 200 像素的,无边线的矩形,如图 9-4-3 所示。再用线条工具在该矩形中间画一条竖向线段,然后用选择工具将该矩形调整为放倒的反 S 形状,如图 9-4-3 右所示。

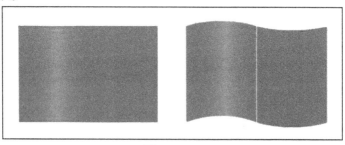

图 9-4-3

删除中间线段。选中该实例,同时按住 Ctrl + Shift 键向右拖,复制平移一个该实例,并使其左边和原实例的右边对齐衔接(二者不错位无缝隙),如图 9-4-4 所示。

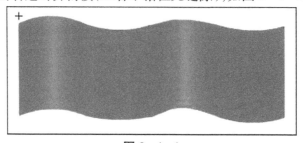

图 9-4-4

4.创建影片剪辑。

选择"插入—新建元件",创建一个名为"飘动"的影片剪辑元件,点击"确定",进入元件编辑区。添加一个图层,共两个图层。

（1）选择图层 1 第 1 帧,从库中拖出旗面图形元件到舞台,上对齐—左对齐。在第 30 帧插入关键帧,上锁。

（2）选择图层 2 第 1 帧,用矩形工具在旗面上拖一个规格为 300 × 330 像素的,蓝色的无边线的矩形,左对齐,如图 9-4-5 所示。

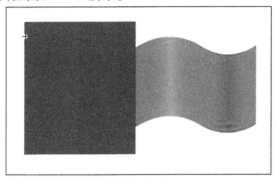

图 9-4-5

再用线条工具在该矩形中间画一条横向线段,然后用选择工具将该矩形调整为反 S 形状,如图 9-4-6 所示。

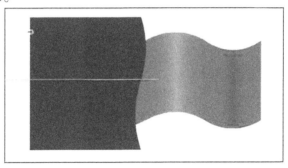

图 9-4-6

删除线段。在第 30 帧插入关键帧,上锁。

（3）打开图层 1 的锁,将旗面向左平移到遮罩的右端,如图 9-4-7 所示。

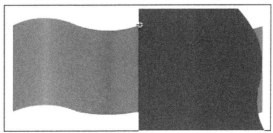

图 9-4-7

右键点击第 1 帧,创建本区域间的补间动画。

(4)打开图层 2 的锁,在第 15 帧插入关键帧,用任意变形工具选中舞台实例,将其注册点移到左侧中间,并将其右侧用选择工具调整为 S 形,然后再将该实例缩小其规格为 235 × 330 像素,如图 9-4-8 所示。

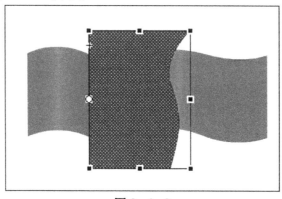

图 9-4-8

点击该图层名称处,选中所有帧,创建该图层各区域间的形状补间,并设置该图层为遮罩层。

(5)关闭图层 2 的眼睛,打开图层 1 的锁,在第 1-30 帧中间添加若干关键帧,并将各帧上的实例(旗面)的上边缘和舞台的中心点(小 + 字)对齐。锁定该图层,打开图层 2 的眼睛。(此环节的操作是不让旗面飘动时上下移动太大),如图 9-4-9 所示。

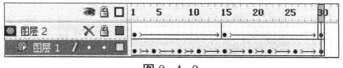

图 9-4-9

5.编辑制作场景。

返回场景 1,加三个图层,共四个图层。自下而上命名为背景、红旗、旗杆、旗套。

(1)选择背景图层第 1 帧,导入或制作一个背景,规格为 550 × 400 像素,全居中,上锁。如图 9-4-10 所示。

图 9-4-10

（2）选择红旗图层第 1 帧，从库中拖出飘动影片剪辑元件到舞台，放置在适当的位置。上锁。如图 9-4-11 所示。

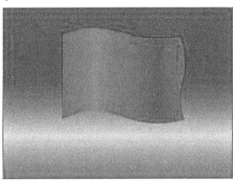

图 9-4-11

（3）用矩形和椭圆形工具画一个旗杆，并将其转换为图形元件，然后将其放置在红旗的左端适当位置。上锁。如图 9-4-12 所示。

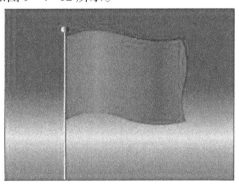

图 9-4-12

（4）选择旗套图层第 1 帧，用矩形工具拖一个白色竖向矩形，规格比红旗略高，比旗杆略宽。将其放置在红旗的左端旗杆之上。上锁。如图 13 所示。

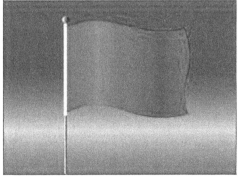

图 9-4-13

6.测试存盘。

第 10 章 ActionScript 2.0 基础

什么是动作脚本？对哪些对象可以应用动作脚本？如何添加动作脚本？这是在学习动作脚本前必须搞清楚的一些基本问题。

一、什么是动作脚本

所谓脚本，是指一组指令或命令，供应用程序或操作系统在特定的时间调用，以执行一段指定的过程。

动作脚本的英文字面为"ActionScript"，是"Action"（动作）和"Script"（脚本）的组合。动作脚本的英文缩写为"AS"。

动作脚本是 Flash 的脚本语言。它可以为 Flash 影片添加交互性。我们可以通过脚本来控制影片，使之实现我们所期望的设计内容和表现形式。

自从引入动作脚本以来，ActionScript 语言得到了不断的完善和发展。每一次发布 Flash 新版本时，ActionScript 中都会再添加一些关键字、对象、方法和其他语言元素。

二、动作脚本的应用对象

动作脚本可以应用于关键帧、按钮和影片剪辑。通常，我们常把应用于关键帧上的脚本动作称为帧动作，把应用于按钮上的脚本动作称为按钮动作，把应用于影片剪辑上的脚本动作称为影片剪辑动作。

1. 帧动作

帧动作被添加在主时间轴或影片剪辑时间轴的关键帧中。添加了帧动作的关键帧，会在时间轴的帧上显示一个字母"a"。对于多个图层的文档，如果在时间轴上同一个帧编号处有好几个关键帧，那么，无论把脚本添加在哪个图层的关键帧中，都具有相同的作用。例如，把动作脚本添加在图层 2 的第 1 帧，跟把动作脚本添加在图层 3 的第 1 帧，其效果是相同的，如图 10-1 所示。 把动作脚本加在不同图层相同编号的帧上效果相同。

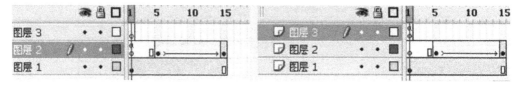

图 10-1

2. 按钮动作

按钮动作主要用来处理与鼠标相关的事件，从而实现其交互功能。所以，应用按钮动作，将有一些特殊规定。

3. 影片剪辑动作

影片剪辑动作跟按钮中的脚本一样，将有一些特殊规定。由于影片剪辑自身可以独立播放动画，因此它能够实现比按钮更复杂的交互功能。

10.1　为"关键帧"添加动作

在 Flash 中添加动作脚本可以分为两种方式，一是为"帧"添加动作脚本，二是向"对象"添加动作脚本。

"帧"动作脚本，是指在时间轴的"关键帧"上添加的动作脚本。

"对象"动作脚本，是指在"按钮"元件和"影片剪辑"元件的实例上添加的动作脚本。请注意，"图形"元件上是不能添加动作脚本的。

现在，我们将学习在关键帧上添加 stop( )和 gotoAndstop( )动作来控制影片的播放。

stop( )的作用是停止动画播放。

gotoAndstop( )的作用是通知播放头跳转到某一帧并在该帧停止。请看示例动画"为关键帧添加动作"。

添加帧动作脚本 stop( )、gotoAndstop( )以控制影片播放。

按常规，动画的播放是随着时间轴上播放头的移动而顺序循环播放的，这个动画上面有一个来回奔跑的小人，在动画播放时，如果没有遇到停止的指令，就会不停地循环往复地奔跑。

打开源文件看看，这个动画中，在时间轴上的第 1 帧、第 10 帧、第 20 帧分别添加了 stop( )动作，当动画播放到相应帧时即会按照帧动作的指令自动停止下来。第 30 帧上添加了 gotoAndstop(50)动作，当动画播放到第 30 帧时，即会按照该帧上的语句指令，跳转并停止在第 50 帧上。

这里我们用添加帧动作实现了让动画按要求停止播放，但是，一旦停止了下来就无法再自动重新播放，此时单击动画右下角的 play 按钮，就可以使动画继续播放了，这就是动画中简单的交互。

现在，我们来学习添加语句的步骤：

选中需要添加动作脚本的关键帧，这时"动作"面板的标题栏上显示的标题是"动作—帧"，如图 10-1-1，然后单击动作面板"脚本"编辑窗口左上角"添加脚本"工具 ，在弹出菜单上找到相关条目里面的语句，双击即添加到了"脚本编辑"窗口中，如图 10-1-1。也可以直接在"脚本编辑"窗口中输入语句。

本节涉及的语法及规范：

小括号"（ ）"：在"AS"中，这个小括号"（ ）"的作用之一是用来在其中定义函数或者动作的参数，如本节实例中用到的 gotoAndstop（50），也有不用参数的动作，如本节用到的 stop（ ）。

分号"；"：在"AS"中，"；"用来作为语句结束的标记，在 Flash AS 脚本中，任何一条语句都是以"；"号结束的。虽然有时省略了"；"，Flash 也可以成功地编译这个脚本，但这是不规范的。

帧动作标志"a"：当关键帧上添加了动作脚本之后，该帧上就会出现一个小写的字母"a"，如"实例 1"时间轴上的第 1 帧、第 10 帧、第 20 帧，这个标志表明在该帧上添加了动作。

图 10-1-1

10.2　制作简易相册

新建 Flash 文档，导入素材图片到库，并分别将导入的图片转换为图形元件。

新建一个"影片剪辑"元件，在第 1 帧放入图形元件一，在第 20 帧插入关键帧，做变形，创建动画补间动画。

在第 21 帧插入空白关键帧，放入元件二，在第 40 帧插入关键帧，做变形，创建动画补间动画。图形元件三、四按照同样的方法分别放在第 41 帧、61 帧。

分别在第 1、20、40、60 帧处添加动作脚本:stop( );完成后的效果如图 10-2-1。

图 10-2-1

返回场景一,将影片剪辑元件放入图层 1 第 1 帧,并把该影片剪辑实例命名为movie_mc。

制作一个按钮元件,并放入图层 2 第 1 帧。为按钮添加动作语句: on(press){movie_mc.play( )}。完成后的效果如图 10-2-2。

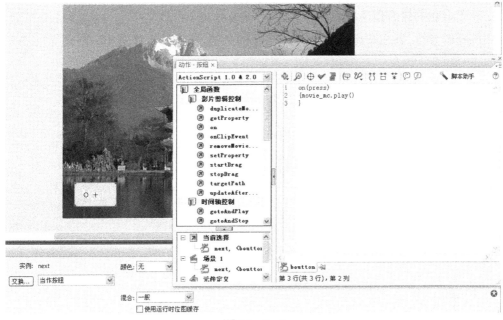

图 10-2-2

完成,测试影片。

10.3　鼠标特效

将素材导入库,设置场景大小为 550 × 400 像素,将素材拖入场景。

新建元件,命名为"星星跟随",元件类型为"影片剪辑"。

选择多角星形工具,在属性面板中选择"选项",在工具设置中把"样式"改为"星形",如图 10-3-1 所示。

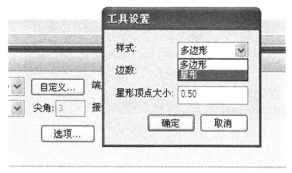

图 10-3-1

选择好填充颜色,绘制一个星星,在第 20 帧插入关键帧,修改属性面板中的颜色为:Alpha,设置为 0%,然后创建补间动画。

用同样的方法,新建图层 2,再制作一个小的星星,完成结果如图 10-3-2。

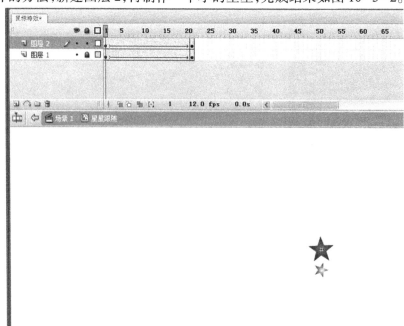

图 10-3-2

返回场景

新建图层 2,重命名为"星星",拖入"星星跟随"影片剪辑,将影片剪辑实例命名为XX,然后在两个图层的第 3 帧插入帧。

新建图层 3,重命名为"代码",在第一帧写入如下代码:

```
var i = 0;
var n = 0;
xx._visible = 0;
```

在第 2 帧中写入如下代码:

```
startDrag( "xx", true );
setProperty( "xx", _rotation, n );
n = n+20;
if( n == 360 ) {
n = 0;
}
duplicateMovieClip( "xx", i, i );
i = i+1;
if( i == 18 ) {
i = 0;
}
```

在第三帧中写入如下代码:

```
gotoAndPlay( 2 );
```

保存。导出影片。

10.4　鼠标按住实例移动

1.启动 Flash CS 3 软件。

2.确立文档属性:设置动画尺寸为 550 × 400 像素,背景颜色深绿,其他默认,点击确定,进入场景 1。

3.将准备好的透明图片素材导入库中,待用。

4.创建影片剪辑元件

选择"插入—新建元件",建立一个名为"实例"的影片剪辑元件,点击"确定",进入元件编辑区。就一个图层。

选择图层 1 第 1 帧,从库中拖出素材图片到舞台,规格约为 300 × 272 像素,全居中。如图 10-4-1 所示。

图 10-4-1

5.编辑制作场景

返回场景 1,就一个图层,改图层 1 名称为"实例"。

选择实例图层第 1 帧,从库中拖出"实例"影片剪辑元件到舞台,规格不变,全居中。

点击该实例,在属性面板填写其实例名称为"sl"。

再点击该实例,按 F9,打开动作面板,在 AS 编辑区输入如下指令语句:

```
on ( press ) {
startDrag ( "_root.sl", true );
}
on ( release ) {
stopDrag ( );
}
```

6.测试存盘